普通高等教育"十一五"国家级规划教材
全国水利水电高职教研会推荐教材

治 河 防 洪

（第2版·修订版）

主　编　罗全胜　梅孝威
副主编　王勤香　奚立平
主　审　张耀先　端木礼明

黄河水利出版社
·郑州·

内 容 提 要

本书是普通高等教育“十一五”国家级规划教材，是按照国家对高职高专人才培养的规格要求及高职高专教学特点编写完成的。全书共分7章，主要内容包括：河流系统、河流泥沙基本知识、河床演变及河道整治、江河防洪系统、堤防工程、防汛抢险、工程泥沙问题及泥沙利用。

本书主要供高职高专院校水利水电建筑工程、水利工程施工技术、水利水电工程管理、河务工程与管理、水利工程监理、水利工程造价管理等专业教学使用，也可供从事上述专业的技术人员参考。

图书在版编目(CIP)数据

治河防洪 / 罗全胜，梅孝威主编. —2版. —郑州：黄河水利出版社，2009.1 （2022.7 修订版重印）
普通高等教育“十一五”国家级规划教材
ISBN 978-7-80734-512-1

Ⅰ.治… Ⅱ.①罗… ②梅… Ⅲ.①治河工程－高等学校：技术学校－教材 ②防洪工程－高等学校：技术学校－教材 Ⅳ.TV8

中国版本图书馆CIP数据核字(2008)第150868号

组稿编辑：王路平 电话：0371-66022212 E-mail：hhslwlp@163.com

出 版 社：黄河水利出版社
地址：河南省郑州市顺河路黄委会综合楼14层 邮政编码：450003
发行单位：黄河水利出版社
发行部电话：0371-66026940、66020550、66028024、66022620(传真)
E-mail：hhslcbs@126.com
承印单位：河南承创印务有限公司
开本：787 mm×1 092 mm 1/16
印张：10
字数：230千字 印数：18 001—19 000
版次：2004年2月第1版 印次：2022年7月第10次印刷
2009年1月第2版
2014年10月修订版

定价：18.00元

再版前言

本书是普通高等教育“十一五”国家级规划教材，是根据《国务院关于大力发展职业教育的决定》、教育部《关于全面提高高等职业教育教学质量的若干意见》等文件精神，以及教育部对普通高等教育“十一五”国家级规划教材建设的具体要求组织编写的。

2004 年 2 月第 1 版的《治河防洪》得到教育部、财政部“示范院校建设”专项经费的支持，是一本全国统编教材，该教材发行 4 年来，被全国许多高职高专院校采用，得到了较好的评价，2006 年列入了教育部“十一五”国家级规划教材，2009 年进行了修订再版，2014 年对全书再次进行修订完善。

再版后的《治河防洪》教材主要依据新修订的高职高专水利水电工程专业“治河防洪”课程大纲，本着适当够用的原则，内容上作了较大幅度的调整，在修订过程中力求概念清晰、深入浅出，降低了理论教学的难度，加强了实际工程案例，注重了能力培养，补充了新知识、新技术的应用，引入了最新规范和成果，体现了工学结合的高职高专教育特色，更加适应了当前教学改革的新形势。

再版的《治河防洪》增加堤防基础地基加固内容，丰富了堤防抢险案例，修改后的《治河防洪》在满足水利水电工程为主的专业外，还可用于水文水资源、水土保持、城市水利等专业教学使用。

本书编写人员及编写分工如下：黄河水利职业技术学院罗全胜（绪论、第四章）、湖北水利水电职业技术学院梅孝威、胡斌（第一章）、安徽水利水电职业技术学院奚立平（第二章）、辽宁水利职业学院李明兰（第三章）、山西水利职业技术学院白继中（第五章）、黄河水利职业技术学院王勤香（第六章）、湖南水利水电职业技术学院刘华平（第七章）。本书由罗全胜、梅孝威担任主编，罗全胜负责全书统稿；由王勤香、奚立平担任副主编；由黄河水利职业技术学院张耀先、河南黄河河务局端木礼明担任主审。

许多治河防洪同仁对本书修订提出了宝贵的修订意见，在此一并表示感谢！由于编者水平有限，不足之处敬请批评指正。

编　者

2014 年 10 月

前　言

本书是根据教育部《关于加强高职高专人才培养工作意见》和《面向21世纪教育振兴行动计划》文件精神，以及由全国水利水电高职教研会拟定的教材编写规划，报水利部批准，用中央财政安排的“支持示范性职业技术学院建设”项目经费组织编写的水利水电类全国统编教材。

江河治理和防洪抢险是关系人民群众生命财产安全的大事，是社会经济持续发展的保证，防洪是许多水利工程首要的任务。防洪工作应当按照“全面规划、统筹兼顾、预防为主、综合治理、局部利益服从全局利益”的原则实施，防汛抗洪是《中华人民共和国防洪法》赋予每个公民的义务。任何水利水电工程都会或多或少影响到河道的变化，这种演变能够对工程上下游产生大范围的影响，不能只考虑局部影响，而应当放眼全局。应当从一般水利工程向资源水利的方向发展。作为将来的水利工作者了解泥沙运动、河道治理、防汛抢险等基本知识和基本技能是十分必要的。

治河防洪的理论基础还不十分完善，是一门实践性很强的课程。本书在编写过程中力求突出高职高专教育特色，重视实践技能的培养，尽量体现新技术、新工艺、新材料、新规范在河道整治及防汛抢险中的应用，使读者对河道整治及防汛抢险有一个全面、基本的认识。

本书编写人员及分工如下：黄河水利职业技术学院罗全胜、河南黄河河务局端木礼明（绪论、第四章），安徽水利水电职业技术学院奚立平（第一、二章），沈阳农业大学高等职业技术学院李明兰（第三章），山西水利职业技术学院白继中（第五章），湖北水利水电职业技术学院梅孝威（第六章），黄河水利职业技术学院王勤香、端木礼明（第七章）。全书由罗全胜、梅孝威、端木礼明统稿，由华北水利水电学院孙东坡教授、黄河水利职业技术学院张耀先教授主审。

由于编者水平有限，不足之处在所难免，恳请读者对本书的缺点予以批评指正。

编　者

2004 年 1 月

目　录

绪 论

河流与人类有密切的关系，地球上河流总数至今仍无精确的统计，已知陆地总面积1.445亿km^2，河流流域面积占86.4%，即1.25亿km^2，其中积水面积超过100万km^2的大河有19条：欧亚7条、非洲5条、北美洲4条、南美洲3条。我国幅员辽阔、河流众多，流域面积100 km^2以上的河流有5万多条，流域面积1 000 km^2以上的河流也有1 500多条。河流哺育了人类，为人类的文明做出了巨大的贡献，人们可以在河流上开发水电资源，发展航运，引水灌溉等造福人类活动。

洪水本是发生在河道及其泛滥区域的一种自然现象，但如果人类活动处于洪水范围内时便会形成洪水灾害。洪水灾害是一种自然灾害，人类社会越发展、经济越发达，造成的灾害也越严重，洪灾往往给人类带来巨大的损失和痛苦。洪水会直接影响生态环境，容易引起瘟疫蔓延，形成脆弱的社会环境，对特殊的文化古迹、珍稀物种、风景名胜区等造成不利影响，破坏经济发展，给居民、企业、厂矿、学校、医院、交通运输、通信、商业等各部门造成损失，甚至会影响社会稳定。

洪水灾害是我国最严重的自然灾害。黄河、长江等七大江河的中下游及沿海平原地区，其面积占我国国土总面积的8%，但这里有占全国40%的人口、35%的耕地和70%的国民生产总值，是我国人口最密集、经济最发达的地区。这些地区的洪涝灾害是我国国民经济和社会持续发展的心腹之患。

我国是最早开发利用水资源的文明古国之一，千百年来中华民族同洪水进行了长期的艰苦斗争。远古时代，人民依水而居，遇到洪水只有采取消极的逃避措施，"择丘而居"，后来氏族部落开始定居，为了保护人们生命和农田安全，传说当时负责治水的官吏叫崇伯鲧（大禹的父亲），采用简单的堤埂把居住区和农田围护起来，以阻挡洪水，这显然不能抵御较大洪水。鲧治水九年失败后，禹改变鲧的策略，采用比较积极的疏导方法，"凿龙门，疏九河"，以"疏"和"分"的方法达到消除洪水灾害的目的，取得巨大成功。《尚书·禹贡》记载"九川涤源，九泽即陂"，意思是河流顺畅，两岸不再泛滥。

春秋时期，铁器普遍使用，生产力极大提高，黄河下游开始出现筑堤御水，到战国时期黄河下游堤防已有相当规模。秦统一六国后，对堤防进行了改造，改变了黄河洪水肆虐的状况，但却带来了河床逐年淤高的新情况，到西汉时期黄河已经成了"地上悬河"。后来在我国漫长的封建社会里对治理黄河曾有许多不同的主张，如分疏说、滞洪说、改道说、水力刷沙说等，具有代表性的有：汉代贾让提出的"治河三策"，上策是在黄河留出一个行洪区，即主张"徙冀州（古九州之一，包括现在河北省、山西省、河南省黄河以北和辽宁省辽河以西的地区）之民当水冲者"，使洪水"左右游渡，宽缓而不迫"。若认为上策迁徙居民牺牲太大，则可缩小行洪地区，辅设分洪、引水灌溉口门，以此为中策。贾让视单纯依靠堤防来达到防洪目的的做法为下策，其观点是"若乃缮完故堤，增卑培薄，劳费无已，数逢其害，此最下策也"。

东汉王景治水采取"筑堤、理渠"的办法，使"河汴分流，复其旧迹"，利用汴渠为黄河分洪分沙，并且还要“筑堤自荥阳至千乘海口千余里”，以形成稳定下游河道的良好局面。自东汉至唐末的800年间，黄河出现了一个决溢较少的“相对安流”的时期，后曾有人认为这是与王景治水的成就分不开的。

明代潘季驯总结前人治河经验，提出“束水攻沙”的治河方略，他的“筑堤束水，以水攻沙”的理论，对黄河治水治沙的实践及后代治黄都有着深远的影响。

从传说的大禹治水至1949年约4 000年间，中国历经社会兴衰、朝代更迭，黄河下游河道也历经重大变迁，或东北入渤海，或东南入黄海。随着人们对江河洪水及泥沙规律的认识逐步深入，治河技术措施的不断改进，黄河、长江等江河的治河方略也屡经沿革，并借此指导着防汛情势不断变化的防洪实践。

虽然我国古代劳动人民在治河防洪方面做出了光辉业绩，但由于社会条件和科学技术的限制，对治河的认识还只是零星的、片面的，黄河治理的过程充分说明了对治河的一些认识大多停留在感性认识阶段，洪涝灾害成为我国危害最大、造成损失最严重的自然灾害。新中国成立前的2 000多年中，黄河决口1 500多次，大的改道26次，形成三年两决口、百年一改道的局面，一次较大的洪水可能造成百万人死亡。

新中国成立以来，我国进行了一系列大规模的防洪工程建设，建立健全了河道治理和防洪的管理机构，形成了完善的防洪体系，使抵御洪水灾害的能力得到极大提高。由于措施得力，工作成效显著，防洪事业成绩巨大，防洪减灾效益极其显著，投资效益比高达1∶10。各主要江河基本上形成了以水库、堤防、蓄滞洪区或分洪河道为主体的拦、排、滞、分相结合的防洪工程体系，防洪非工程措施也得到重视和加强。这些成就主要体现在：

(1)加修加固堤防。全国江河堤防总长由新中国成立前的4.2万km增加至1998年的25万多km，其中重点堤防6.5万多km，保护耕地3 220万hm^2，保护人口3.22亿人。

(2)大量修建水库工程。新中国成立前，全国只有十几座水库，目前已有大、中、小型水库86 000多座，总库容4 500亿m^3，其中大型水库358座，总库容3 357亿m^3，中型水库2 000多座。

(3)开辟蓄滞洪区。开辟蓄滞洪区可以有效地降低江河洪水水位。目前，在主要江河上的蓄滞洪区有100多处，其中长江有40处、黄河下游建有5处、淮河和海河各有26处，总蓄洪量970多亿m^3。

(4)疏浚整治河道及开辟排洪入海出路。有计划地疏浚河道，开辟入海通道，增大了排水入海的能力。其中新开辟的淮河入海通道提高了淮河的抗洪能力。

(5)大力开展水土保持工作。目前，我国初步治理了水土流失面积约50万km^2，主要集中在西北产沙多的地区。

(6)逐步建立和完善防洪非工程措施。建立健全流域机构及重点省、市防汛指挥调度中心，重点河段和重要水库建立水文自动测报系统，加强全国防汛通信干线建设，在大流域蓄滞洪区建立报警系统，开展洪水预报，研究制定和完善洪水调度方案等。这些防洪非工程措施正逐步在我国的防洪斗争中取得显著的减灾效果。

(7)建立并完善了水资源综合利用的法律基础。国家先后颁布了《中华人民共和国水污染防治法》、《中华人民共和国水法》、《中华人民共和国水土保持法》、《中华人民共和国防洪法》4部水法律和《河道管理条例》、《防汛条例》2项国务院法令，并且已出台的其他水行政法规有20余项，部门规章90余项，各省、直辖市、自治区制定的地方性水法规、政府规章和省级规范性文件700多份，初步建成了一个以《中华人民共和国水法》为核心、多层次相配套的水法规体系，以法治水、依法防洪正逐渐得到实现。

新中国成立以来，我国人口增长快，经济发展也很快。为了保障人民生命财产的安全，为了社会的稳定和国民经济的持续发展，当前我国面临的防洪任务越来越繁重。

新中国成立以来，我国的防洪设施建设虽已取得显著的成就，但由于社会发展迅速，对自然资源的过度开发，也使得我国成为世界上水土流失最严重的国家，全国水土流失总面积达367万km^2，是国土面积的38%。虽然平均每年治理3万km^2，但每年因人为破坏又平均增加水土流失面积1万km^2。土壤流失、土地沙化、草原退化，使这些地区的生态环境不断恶化。我国年平均输沙量1 000万t以上的河流有42条，直接入海泥沙年总量20亿t。黄河和长江的输沙总量占世界13条大河总输沙量的1/3，泥沙问题十分突出，泥沙问题处理得好坏直接影响到江河防洪、水利、电力、交通运输等方面。

从近年来的抗洪实践看，特别是从1998年长江、嫩江和松花江抗御特大洪水的斗争实践看，目前我国的防洪工作还存在如下一些弱点和问题：

(1)江河防洪标准偏低。我国大江大河一般只能控制常遇洪水，尚难抵御新中国成立以来出现的最大洪水，更不能抗御历史上曾经出现的特大洪水，中小河流防洪标准更低。对于经济发展迅速的我国东南沿海地区而言，江河和海堤的防洪标准与经济发展极不相适应。

(2)病险水库较多。我国已建成的1/4的大、中型水库和2/5的小型水库属于病险水库，它们将加大洪灾风险。

(3)河道行洪能力和湖泊调蓄能力普遍下降。河道滩区人为设障，盲目围垦湖泊洼地，与水争地，野蛮伐木毁林，破坏地表植被，造成水土流失，江、河、湖泥沙淤积严重。太湖流域自1964年至今全流域河、湖面积减少了1/4，这些破坏自然生态环境的生产活动，势必导致加重洪灾损失的严重后果。

(4)蓄滞洪区安全运用存在问题。目前，我国江河依靠堤防、河道、水库所形成的防洪能力仍然较低，蓄滞洪区仍是发生大洪水时避免和降低洪水灾害的重要环节。但蓄滞洪区人口和经济发展过快，增加了分洪运用的经济损失和安全撤离工作的难度。

(5)城市防洪标准较低。全国30个重点防洪城市中，多数城市的防洪标准只有10~60年一遇。全国300多个有防洪任务的城市，防洪标准低于20年一遇的占2/3。

(6)防洪非工程措施有待加强。今后应抓紧逐步实施气象与洪水预报及洪水调度工作，完善蓄滞洪区通信报警系统，制定城乡安全建设条例与蓄滞洪区管理法规，施行防洪基金与防洪保险制度等。

另外，目前国家对水利建设的投入与其重要地位还不适应。相信这些问题随着社会进步和科学技术的发展，通过全国人民的共同努力有望得到解决。1997年我国颁布了《中华人民共和国防洪法》，把防洪和河道整治纳入法制化管理的轨道，使防洪有法可依，使我国的防洪事业进入了一个新局面。

第一章　河流系统

第一节　河流与河床概述

一、河流及其组成

河流是指由降雨、降雪、融冰、泉水等形式的径流（地面或地下）汇集后，水流所经过的地方的总称，通常随地势自高而低。我国河流多是自西向东，从高原山区流向平原洼地，其来水或流经的范围都是河流的流域。

河流有上游、中游、下游之分。一般情况下，上游在高原山区，而下游在平原洼地，中游则是过渡地段，兼而有之。如黄河上游在青藏高原，下游在华北平原，中游则是黄土高原和泾渭平原东部地区。

河流有支流、干流之分，干流系指具有独自入海、入湖河口，而且自成水系的河流。汇入干流的河流称为支流。因支流还有小的支流汇入，为区别起见，常把注入干流的支流叫做一级支流，其他依次叫二级支流、三级支流等。

无论干流或支流都有其河源与河口。河源是河流的起始点、发源地，绝大多数在高原山区，也有在平原地区。如淮河的支流涡河则起源于黄河下游南岸平原。河流注入邻近水体的河段称为河口。除注入海洋、湖泊、水库的入海、入湖、入库河口外，凡支流注入干流的河口通称为支流河口。多泥沙河流注入海洋，在入海河口经常出现大量泥沙淤积，形成了多汊的河口，俗称三角洲。

河流两岸因其蜿蜒曲折，不便用东、西、南、北表示岸别，统一规定：以人面向下游左侧为左岸，右侧为右岸。这个规定已成为水利、测绘、航运、地理等部门的习惯，运用起来既统一又方便。

二、河床形态基本特征

（一）河床

河流从河源到河口，由支流汇入干流，其狭长的过水地带称为河道，而在宽阔的低洼地则储蓄成湖泊。河流所流经的谷地称为河谷。河谷的最下部分为谷底，谷底被水流所占的部分称为河床，或称河槽。在枯水、中水、洪水时期被水流所占的部分分别称为枯水河床、中水河床、洪水河床。中水河床又称主槽，或称为基本河槽，如图1-1所示。谷地最低点的连线称为深泓线，或称为溪线。

（二）河床形态基本特征

1. 河床纵剖面

沿河流河床深泓点作纵向垂直切面所得到的河床剖面，叫做河床纵剖面。河床纵剖

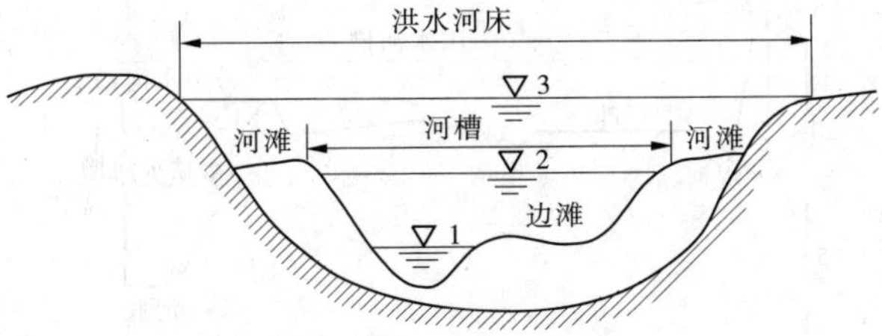

1—枯水位；2—中水位；3—洪水位

图 1-1　河道横断面示意图

面常用来表示河床纵向坡度的变化,坡降一般用比降来表示。某一河段河床纵比降 i 为该河段的落差(即河段两端的海拔高度之差)与其距离之比,即

$$i = \frac{\Delta H}{L}$$

对于大江大河纵比降用千分率来表示,长江荆江段纵比降为 4.2‰～5.6‰,黄河下游为 9.0‰～26.0‰。

由于平原冲积河流一般不存在局部侵蚀基准,从长距离看,河流纵剖面一般为一条圆滑的上凹曲线。另一方面,如果看短距离内剖面的变化细节,则随着河宽沿程变化的不均匀性,河床有明显的起伏变化,见图 1-2。

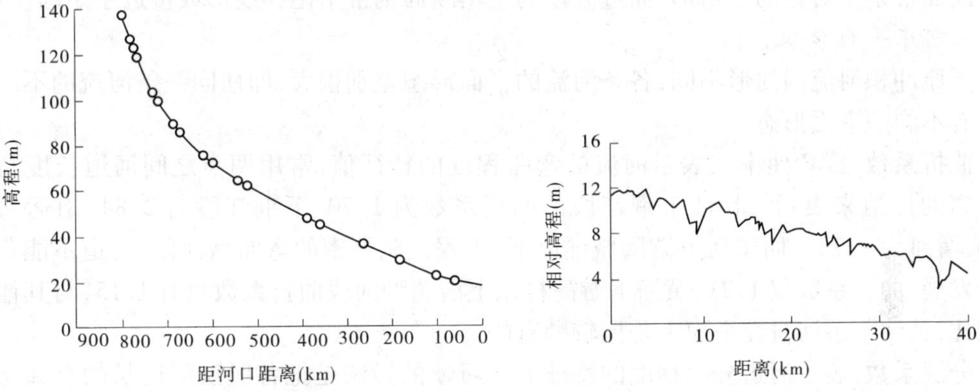

(a)长河段　　(b)短河段

图 1-2　黄河下游的河道纵剖面图

2. 河床横断面

河床横断面是垂直于水流方向的河床断面。图 1-3 为黄河下游弯曲型河段的横断面图。河床横断面一般可分为水道断面和大断面两种。水道断面是水面线和河底线所包围的面积。其中流速大于零的部分,叫做过水断面;流速等于零的部分,叫死水断面。因此,过水断面为水道断面与死水断面之差。大断面包括水下及水上两部分。水下部分即水道断面,水上部分为历年最高水位以上 0.5～1.0 m 的岸边地形。

河道两岸水边线的间距为过水断面水面宽。一般水面宽度与水位(流量)成正比关系。过水断面之河底线长称为湿周。若河流封冻后,湿周则指过水断面之周长。过水断面面积 ω 除以湿周 χ 称为水力半径 R,即

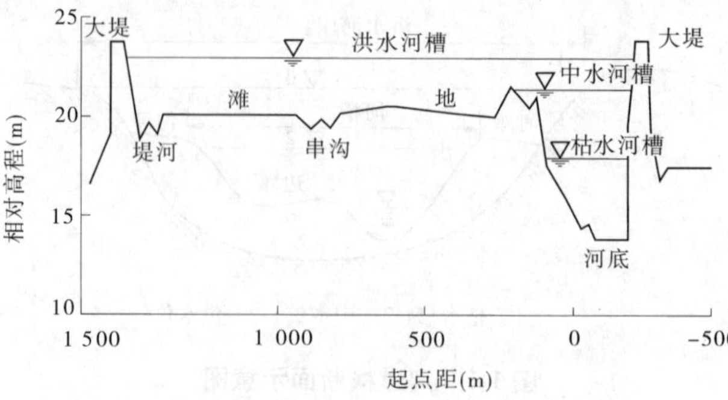

图 1-3　黄河下游弯曲型河段的横断面图

$$R = \frac{\omega}{\chi}$$

过水断面面积除以水面宽 B 得到平均水深,即

$$H = \frac{\omega}{B}$$

平原河流断面宽而浅,因河宽远大于水深,湿周近似于河宽,则水力半径与平均水深相差很小,即 $R \approx H$,故常用平均水深代替水力半径。

冲积河流主槽断面的形式,虽然变化很大,但仍具有一定的规律性。例如,弯曲段的主槽断面常是不对称的三角形,而过渡段的主槽断面则常呈抛物线形或接近于矩形。

3. 河床平面形态

平原冲积河流因河形不同,各条河流的平面形态差别很大,即使同一条河流的不同河段也有不同的平面形态。

曲折系数(或弯曲率):表示河流的弯曲程度的特征值,常用两点之间河道长度与直线距离的比值来表示。长江上荆江段的曲折系数为 1.70,下荆江段为 2.84,南运河为 1.96,渭河为 1.78。而黄河下游陶城铺以下,工程控制严密的弯曲型河段,弯道不能获得充分发展,曲折系数仅 1.21,黄河下游高村以上游荡型河段曲折系数只有 1.15,与其他河流相比,黄河下游河身在平面上是比较顺直的。

分汊系数:表示河道分汊程度的特征值。习惯的做法是把各股汊河道长的总和与分汊河段沿河谷方向的长度的比值称为分汊系数。这种表示河道分汊程度的做法,实际上同时包括河道的分汊程度及河的弯曲程度两种几何特性。长江中下游分汊河形河段的分汊系数为 2.17 ~4.09,黄河中游游荡型河段分汊系数的变化范围一般为 1 ~2.5,随着流量的减小而增加,洪水时沙洲被淹,分汊现象不复存在。

第二节　河流分类及其特性

一、河流分类

河流根据地理位置不同,可分为山区河流和平原河流两大类型。由于所处的地理、地质、地貌和气象条件的差异,其形成过程也显然不同,具有各自的特性。

(一)山区河流特性

流经地势高峻、地形复杂山区的河流称为山区河流。它的形成主要与地壳构造运动和水流侵蚀作用有关,即水流在由地质构造运动所形成的原始地形上不断侵蚀,使河谷不断纵向切割和横向拓宽而逐步发展形成。因此,河谷断面宽深比一般较小,往往呈V字形或U字形,如图1-4所示。

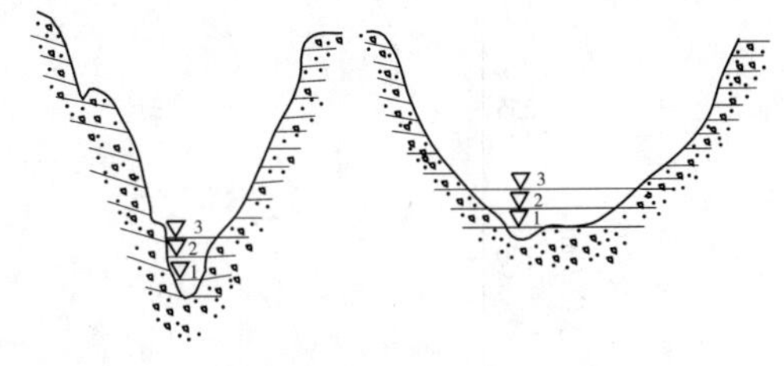

(a)V字形河谷形态　　(b)U字形河谷形态

1—枯水位;2—中水位;3—洪水位

图1-4　山区河流河谷横剖面形态图

山区河流的平面形态十分复杂,河道曲折多变,沿程宽窄相间,急弯卡口比比皆是,两岸与河心常有巨石突出,岸线和床面都极不规则,仅在宽段才有比较规则的卵石边滩或心滩出现。

山区河流的河床纵剖面十分陡峻,急滩深潭上下交替,床面起伏甚大,常呈阶梯形,图1-5为川江河床纵剖面图。

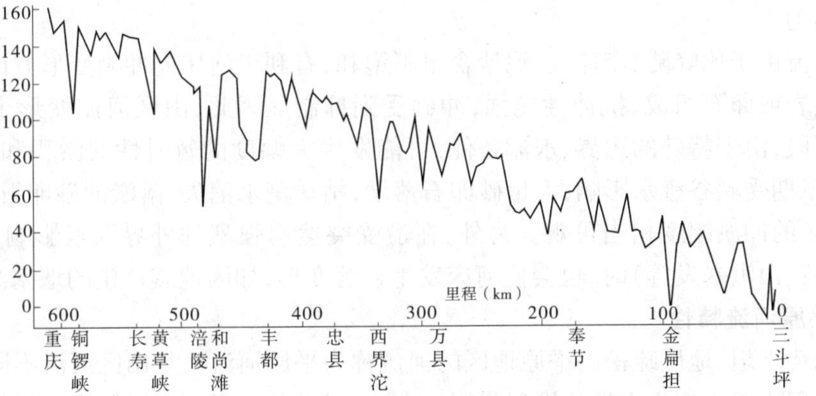

图1-5　川江重庆至三斗坪河床纵剖面图

山区河流重要的水文特点是:洪水猛涨猛落,流量与水位变幅极大。这是由于山区坡面陡峻,岩石裸露,汇流时间短,径流系数大,加之气温变化大,降雨强度也大所致。山区河流在降雨后,常常短时间内即出现洪峰,雨过天晴,洪水又迅速消落。年内洪峰变幅很大,一般洪水持续时间短,无明显的中水期,而且洪水期与枯水期有时难以截然划分。洪水期久晴不雨,可能出现枯水;枯水期如遇大雨,也可能出现洪水。图1-6为某山区河流水位过程线图。

山区河流的水面比降一般都较大,而且受河床形态影响,沿程分配极不均匀,绝大部分落差集中于局部河段。此外,河床上存在的急弯、石梁、卡口等滩险,造成很大的横比降,对航行威胁很大。同时,这些滩险由于在不同水位下壅水情况不同,比降的因时变化也是十分突出的。比降大、河槽窄,流速一般很大。

山区河流的流态,由于受不规则河床形态的影响,十分紊乱,常有回流、旋涡、跌水、水跃、泡水、横流等出现,流象极为险恶。

山区河流的河床多由原生基岩、乱石或卵石组成。卵石粒径常呈沿程递减趋势;河流

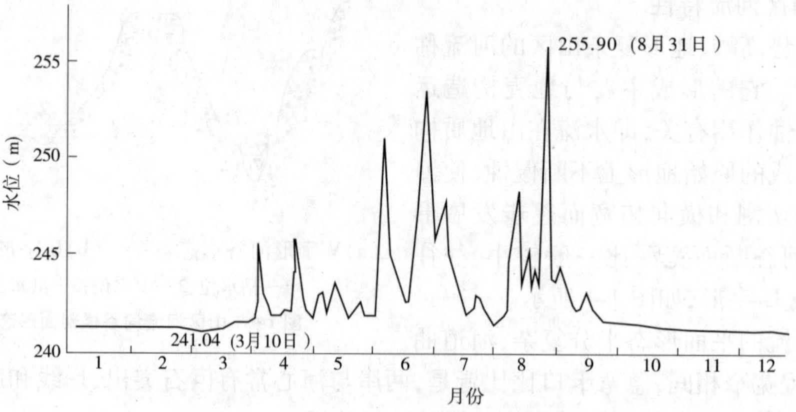

图 1-6 某山区河流水位过程线图

泥沙中悬浮的大都是中细砂和黏土,其泥沙含量视地区而异,一般与岩石风化程度和植被覆盖率有关。由于山区河流比降及流速大,河流中的泥沙多数集中在河底运动,粒径粗,组成比较均匀。

山区河流由于比降陡、流速大、泥沙含量不饱和,有利于河床向冲刷变形方面发展,但河床多由基岩或卵石组成,抗冲性能强,冲刷受到抑制。因此,山区河流变形十分缓慢。但在某些河段,由于特殊的边界、水流条件,可能发生大幅度的暂时性的淤积和冲刷。例如峡口滩,汛期受峡谷壅水影响,大量砂卵石落淤,枯季壅水消失,落淤的砂卵石被水流冲走,局部地区的冲淤幅度相当可观。另外,在遭受突然而强烈的外界因素影响(如地震、山崩、大滑坡、山洪暴发等)时,也会使河床发生显著变形,如因地震产生的堰塞湖。

(二)平原河流特性

流经地势平坦、地质疏松的平原地区的河流称为平原河流。与山区河流不同,平原河流的形成过程主要表现为水流的堆积作用。在这一作用下,平原上淤积成广阔的冲积扇,具有深厚的冲积层;河口地区淤积成庞大的三角洲,我国黄河下游的华北平原和长江口三角洲便是这样形成的。

平原河流的冲积层一般都比较深厚,往往深达数十米甚至数百米以上。由于河流在发育过程中的水选作用,冲积层的组成通常具有分层现象,最深处多为卵石层,其上为夹砂卵石层,再上为粗砂、中砂以至细砂,在枯水位以上的河漫滩表层部分则有黏土存在,某些局部地区也可能存在深厚的黏土。

平原河流的河谷横断面宽浅,具有宽阔的河漫滩,如图 1-7 所示。河漫滩是位于中水河槽两侧,在洪水时能被淹没,中、枯水位时露出水面以上的高滩。当洪水漫滩后,由于过水断面增大,流速降低,泥沙首先沿主槽(中水河槽)岸边落淤,随着水流向下游及河漫滩侧向漫流,淤积的泥沙数量便逐渐减少,粒径也逐渐变细,经过漫长的时间演进,沿主槽两岸泥沙淤成较高的自然堤,河漫滩边缘地带则形成一些湖泊洼地,使河漫滩具有明显的横比降。同时,河漫滩的纵比降也较主槽水流的平均比降为大,这与河漫滩上泥沙的沿程落淤有关。

在平原河流的主槽中,由于水流与河床不断的相互作用,往往形成一系列的泥沙成

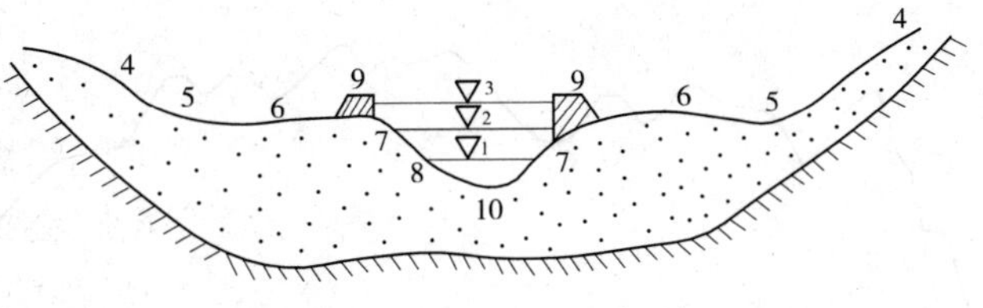

1、2、3—枯、中、洪水位；4—谷坡；5—谷坡坡脚；6—河漫滩；
7—滩唇；8—边滩；9—堤防；10—冲积层

图 1-7　平原河流的河谷形态

型堆积体。与河岸相接、枯水时露出水面的沙滩称为边滩（岸滩）；上、下两边滩之间的部分称为沙埂，沙埂上水深较浅；当沙埂上水深不能满足通航要求时，沙埂又称为浅滩；边滩不断向下游延伸，伸入河中的狭长部分称为沙嘴；位于河心、低于中水位以下的沙滩称为江心滩，高于中水位以上的沙滩称为江心洲，这些泥沙成型堆积体的分布情况大体上如图 1-8所示。在天然河流上，由于各种影响因素十分复杂，成型堆积体的结构型式和分布情况往往千差万别，但仍然存在共同特性，成型堆积体经常处于发展变化之中，是平原河流河床演变中最活跃的因素。

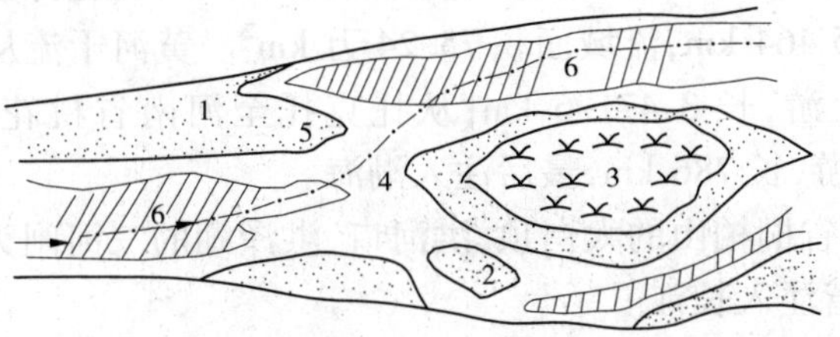

1—边滩；2—江心滩；3—江心洲；4—沙埂；5—沙嘴；6—深槽

图 1-8　平原河流中的泥沙成型堆积体

平原河流的河床因由沙质组成，其河床纵剖面与山区河流纵剖面不同，无明显的阶梯状变化。但是，由于深槽浅滩交替，所以河床纵剖面是有起伏的平缓曲线，其平均纵向坡降比较小。

平原河流的水文特性与山区河流有很大的差别。由于集雨面积大，流经地区多为坡度平缓、土壤疏松的地带，因而汇流历时长。另外，因大面积上降雨分配不均匀，支流汇入时间次序有先有后，所以洪水无猛涨猛落现象，持续的历时相对较长，流量变化与水位变幅较小。图 1-9 为 1998 年长江沙市站汛期水位过程线。

平原河流由于河床纵坡平缓，所以水面比降一般较小，沿程分布变化也小，流速也相应较小，一般都在 2 ~3 m/s 以下。此外，平原河流的水流流态也较平缓，没有山区河流的跌水、横流、泡水、急旋、水跃等险恶现象。

平原河流中的泥沙多悬浮在水中，泥沙粗细差别极大，并且泥沙含量多少及粒径粗细与流域特点和气象条件有关，河底运动的泥沙量只占少部分。

平原河流的河床演变与河型关系甚大，不同的河型具有不同的演变规律。但总体来说，平原河流的变形比山区河流更复杂、剧烈，强度更大。

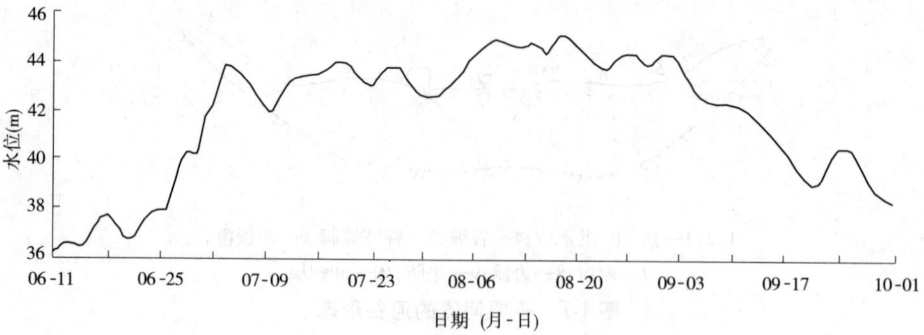

图 1-9　1998 年长江沙市站汛期水位过程线

二、长江、黄河及淮河基本情况

长江是我国的第一大河，发源于青藏高原的唐古拉山各拉丹冬雪山西南侧，干流全长 6 300 余 km。从河源到宜昌以上为上游，长 4 504 km；从宜昌到湖口为中游，长 955 km；湖口以下为下游，长 938 km，最后注入黄海。

黄河是我国的第二大河，发源于青藏高原巴颜喀拉山北麓海拔 4 500 m 的约古宗列盆地，干流河道全长 5 464 km，流域面积 75.24 万 km^2。黄河干流从河源至内蒙古自治区托克托(河口镇)为上游，长 3 471.6 km；从托克托至河南省桃花峪为中游，长 1 206.4 km；桃花峪以下为下游，长 786 km，最后注入渤海。

淮河发源于河南省桐柏山的太白顶，洪河口、洪泽湖的三河闸为淮河上、中、下游的分界点，经扬州的三江营注入长江。

第三节　河道的水力要素和特性

一、水位

水位是指水体的自由水面的高程，其单位为米。水位变化很复杂，研究目的不同，所需水位也不同。显示水位变化特点并具有普遍实用意义的水位，称为特征水位。特征水位常用的有以下几种。

最高水位：在某一时期内出现的最高水位。洪水时的最高水位叫洪峰水位。多年来最高的一次水位叫最高洪水位(或历年最高水位)。还有月最高水位、年最高水位。

最低水位：在某一时期内出现的最低水位。如月最低水位、年最低水位、历年最低水位。

平均水位：在某一时期内水位的算术平均值。如日平均水位、月平均水位、年平均水位、历年平均水位。每年最高水位的算术平均值叫平均最高水位；每年最低水位的算术平均值叫平均最低水位。

正常水位：即多年平均水位值。

保证率水位：即在一年内保证一定天数出现的水位，常用的有 15 d、30 d、90 d、180 d、

270 d 的保证率水位，在有灌溉或航运的河流上，常需要一定的保证率水位。保证率水位从水位历时曲线上求得。水位历时曲线的绘制方法是：将一年内逐日平均水位按其高低顺序排列，以水位为纵坐标，以由高水位至低水位各级水位发生的次数顺序累加次数为横坐标，点绘在方格纸上，即得水位历时曲线。

相应水位：沿河上下游水位过程线上，一次水位涨落过程相应的特征水位（如最高水位、最低水位），叫做相应水位。根据上下游相应水位可绘出相应水位关系曲线，以此来检验上下游站水位观测的成果，插补缺测水位，进行短期洪水预报及分析沿河的水位变化等。

水位按防汛的要求，常分为警戒水位和保证水位。

警戒水位：汛期的洪水涨到一定高程，堤身就容易发生险情，必须注意防守，这时的水位叫警戒水位。

保证水位：根据堤防抗洪能力，规定出一定的水位，在这种水位下保证洪水安全下泄，不准决口，这一水位就叫保证水位。

有的江河，还定有设防水位，系指洪水漫滩或堤防见水时，需要开始防守的水位。

二、流速

河水在单位时间流过的距离叫流速，单位一般用 m/s 表示。

天然河流中的水流一般都呈紊流运动。紊流的特性之一就是水流各质点瞬时流速的大小和方向随时间不断变化，即流速脉动。在水力学和水文学中解决实际问题时，一般都采用时均流速的概念，即在足够长的时间内，流速脉动的影响已经消失，水的流速可以用该时段内瞬时流速的平均值来表示。在天然河流上进行流速测量时，一般都要求每个测点测速时间在 100 s 以上。

河道中水流在重力作用下流动，其流速大小决定于水体重力的纵向分力与河床摩阻力的关系。由于河床形态、糙度及断面水力条件的不同，天然河道中流速的分布是十分复杂的，不仅随深度不同而异，而且也在整个过水断面上变化着。

流速沿深度的变化称为流速的垂线变化。在垂线上最小流速出现在河底处，从河底至水面，流速随着糙度影响的减小而增大，若以水深 H 为纵坐标，垂线上各点的流速 v 为横坐标，可根据实测资料绘出垂线流速分布图，见图 1-10（a）。可以看出，垂线流速的分布是由河底向水面递增，接近水面时流速达到最大值，在水面因与空气摩擦又略有减小，垂线平均流速一般在距河底 $0.4H$ 处。整个垂线流速分布曲线呈抛物线形状，但这种分布规律只是在河床较平坦的情况下存在，在河底有起伏变化或水面封冻时，垂线流速就随之产生变形。如河底有隆起障碍时，在近障碍物处垂线流速分布曲线呈反曲现象，见图 1-10（b）。在河底结冰时，冰盖下的水流因受冰盖糙度的影响，最大流速由表层下移至中部，冰盖底部愈粗糙，最大流速下移愈深，当冰盖底部冰层融化后，最大流速将移至垂线中层处，见图 1-10（c）。

河流断面上各点流速，随着在深度上和宽度上的位置以及水力条件的变化而有所不同，一般都是由河底向水面、由两岸向河心逐渐增大，最大流速出现在水流中部（直弯道处则在靠近外弯处）。最小流速在河底及近岸处，见图 1-11 黄河下游横断面流速分布图。

在河道中，流速较大的地方叫做水溜，大河内可以有几股水溜，最大流速所在的水溜

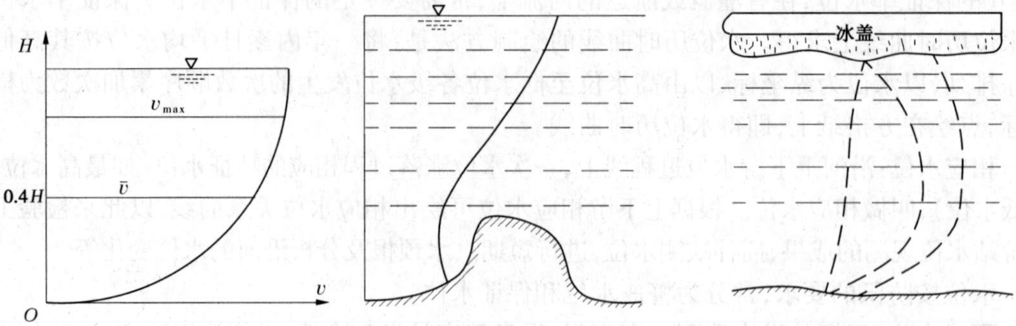

(a)垂线流速分布　(b)河底有障碍物时的垂线流速分布　(c)河流封冻时的垂线流速分布

图 1-10　河流流速分布图

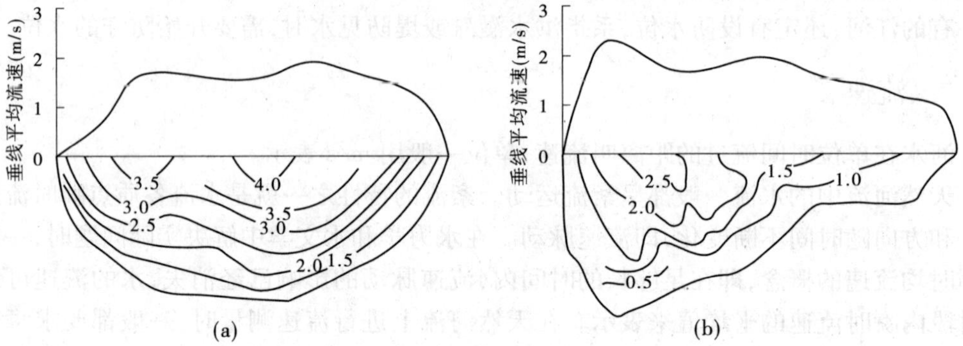

图 1-11　黄河下游横断面流速分布图

比较集中、冲刷力强,叫做主溜(也称主流),主溜有时在河的中心,有时靠在一岸。在河道中间走水的地方叫做中泓,洪水时主溜一般走河中泓。沿程各断面最大垂线平均流速所在点的连线叫做水流动力轴线,又称主流线。表征经过某一固定过水断面的平均流速可用水力学的方法进行计算,常用的是谢才公式

$$v = C\sqrt{Ri}$$

式中　v——断面平均流速;

C——谢才系数;

R——水力半径;

i——水力坡度。

谢才公式是在均匀流的情况下求得的,所以可用河床比降代替水力坡度。对于宽浅断面可用断面平均水深 H 代替水力半径 R。谢才系数 C 决定于河床糙度、水深、过水断面形状等,在许多计算 C 值的公式中最常用的有曼宁公式

$$C = \frac{1}{n}R^{1/6}$$

式中　n——糙度系数,随河流渠道的底面及两侧糙度而有所不同,有通用的糙度表供计算时查用。

三、水面比降

单位长度上的水头差叫水面比降,天然河流某一河段的水面比降等于该河段的水面高程之差与其间距之比。一般情况下,河流长河段的水面比降与河床比降相差很小,但局部河段却可以有很大的差异,甚至出现相反的情况。

在洪水时,洪水波自上游向下游传播,造成下游的洪水波,洪水波的水面比降 i 与同水位下的稳定流水面比降 i_0 之差称为附加比降 i_Δ,$i_\Delta = i - i_0$。涨水时,上游先涨水,下游后涨水,此时水面比降较同水位稳定流时水面比降为大,$i_\Delta > 0$,流速、流量就偏大;而落水时上游先退水,下游后退水,此时水面比降较同水位稳定流时的水面比降为小,$i_\Delta < 0$,流量、流速就偏小。如黄河下游花园口水文站附近河段,1958 年 7 月发生大洪水时,水面比降在涨水时由稳定流时的 20‰左右增加到 40‰左右,最大水面比降竟高达 58‰,而落水时水面比降最小值还不到 10‰,可见洪水波时附加比降是很大的。

四、流量

单位时间内通过某一过水断面的水量称为流量,其单位为 m^3/s。河流的流量经常在变化,常根据随时间变化的流量值点绘流量过程线。逐日平均流量过程线用来研究河流在一年内流量变化的过程和推求径流总量。流量过程线也可以根据瞬时流量绘制瞬时流量过程线,用来分析洪水变化过程。在水文水利规划设计中常需用不同流量的历时,故常将日平均流量绘制为流量历时曲线。

特征流量与特征水位一样,是表示流量变化特点并具有普遍实用意义的流量,称为特征流量,有最大流量、最小流量、平均流量。

在一定时段内(时、日、月、年)通过河流某一断面的总水量,叫径流量,单位以 m^3 计。为了表示每年洪水期的径流的情况,常统计各时段最大洪水量,如最大 1 日、最大 3 日、最大 5 日、最大 7 日、最大 12 日、最大 15 日、最大 30 日、最大 45 日的洪水量。

对于河流防洪来说,确定各级洪峰流量是最重要的工作之一,但也是一个十分复杂的问题。目前,最普遍的方法是把洪峰流量当做随机变量。由于河流实测最大洪水流量年限一般不很长,只有几十年或最多百余年,用频率统计的方法在暴雨洪水的河流上推算千年一遇、万年一遇的稀遇洪水,频率曲线延长太多,很不可靠,对进行大江大河的设计洪水流量计算时,常常需用几种方法,互相参照印证,经分析判断确定设计洪水。

五、河流阻力

水流在其运动过程中,要损失一定的能量。对于天然河流来说,在一般情况下,这种能量损失主要表现在水位的降低上,亦即水流的势能损失上。产生这种能量损失的原因,是具有黏滞性的水流在受边壁的阻滞作用时,流速做不均匀分布,低速液层对高速液层产生阻力,水流在运动过程中,为了克服阻力,必须消耗能量,在水力学中水流的能量损失常称为阻力损失,表达能量损失规律的公式,称为水流阻力公式。最通用的公式为

$$v = \frac{1}{n} R^{2/3} i^{1/2}$$

因此,求水流阻力损失问题就归结为求糙率 n 值的问题。

天然河流由于周界条件很复杂,严格地说,上面用于槽壁固定且水流为均匀流的阻力损失公式已经不能使用。但是,由于生产实践的需要,在没有更好的公式以前,上述公式现仍被广泛采用。

天然河流的糙率问题是一个比较复杂的问题,迄今为止这方面的研究成果远远不足以适应实践中的需要。因此,在分析计算中选择天然河流的糙率时,可以采取以下做法:

(1)在条件许可时,应尽可能根据实测资料选定糙率。如果河段甚短,搜集资料范围可限于局部河段;如果河段范围甚长,搜集资料范围应遍及沿河各段。平原河流由于糙率沿程变化不大,可根据水文站资料绘制流量(或水位)糙率关系曲线,作为选定糙率的依据,但如有瞬时水面曲线资料,则成果将更为精确。如果根据不同流量时的实测资料所得糙率相差甚远,应分级选用,不宜强求平均。根据实测资料计算糙率时,用曼宁公式较为简单。

(2)在完全缺乏资料时,可参照通用的河流糙率表的有关数据选定糙率,并与类似条件下有实测资料的河段进行对比。此外,还可以根据现有公式略估。

第二章　河流泥沙基本知识

河流泥沙包括随水流运动和组成河床的泥沙，且两者之间不断发生交换，正是这种交换引起河床的冲淤变化。因此，在研究河床演变规律之前，有必要先了解河流泥沙特性及运动等方面的基本知识。

第一节　河流泥沙来源、侵蚀模数与浑水特性

一、泥沙来源

河流中运动着的泥沙，主要来源于流域地表的侵蚀及原河床的冲刷。在运动过程中，二者又存在置换作用。但归根到底，河流泥沙都是流域地表侵蚀的产物。

二、侵蚀模数

流域地表的侵蚀状况，常用侵蚀模数 M 来衡量，它表示流域内每年每平方公里地面上被冲蚀泥沙的数量，又称为输沙量模数。我国土壤侵蚀十分严重，全国水土流失面积179万 km^2，每年流失土壤50亿t，多年侵蚀模数 $M>2\ 500\ t/(km^2 \cdot a)$ 的区域有267 811.8 km^2，占国土面积的2.78%，其中土壤侵蚀最严重的地区是黄河中游的黄土高原、永定河和西辽河流域，多年平均侵蚀模数 $M>9\ 000\ t/(km^2 \cdot a)$，相当于地面每年普遍冲刷5.4 mm以上厚的土层。而陕北的黄甫川、窟野河、无定河、延河流域个别地区侵蚀模数高达20 000 $t/(km^2 \cdot a)$。

流域地表的侵蚀主要与流域内水文、气象、植被、土壤、地貌等自然因素有关。我国河流的水量大部分由降水汇集而来，地表侵蚀主要伴随降雨径流产生，因此在降雨强度大、植被覆盖差、土壤结构松散、地形坡降大的区域，水土流失就较为严重。例如，黄河中游的黄土高原便具备上述特点，所以地表侵蚀最为严重。我国南方一些省份，植被覆盖良好，土壤结构密实，侵蚀模数则多在160 $t/(km^2 \cdot a)$以下。此外，人类活动对地表侵蚀也起着重要作用。例如，滥伐森林、毁林毁草开荒和陡坡耕作等会加剧水土流失，而开展大规模水土保持工作，能有效减少水土流失。我国已颁布的《中华人民共和国森林保护法》、《中华人民共和国水土保持法》和国务院批准实施的《全国水土保持规划纲要》及《全国生态环境建设规划》无疑对防止水土流失具有深远影响。

三、浑水特性

含有泥沙的水称为浑水。浑水与清水的性质不同，具体表现在浑水的泥沙含量、容重等方面。

(一)含沙量

浑水中含有泥沙的多少是用含沙量来表示的，含沙量有以下三种表示方法。

1. 混合比含沙量

混合比含沙量是指单位体积浑水内所含泥沙的质量，可表示为

$$S = \frac{G_S}{V} \tag{2-1}$$

式中 S——混合比含沙量，kg/m^3；

V——浑水体积，m^3；

G_S——浑水内泥沙质量，kg。

2. 体积比含沙量

体积比含沙量是指单位体积浑水中泥沙体积所占的百分数，可表示为

$$S_V = \frac{V_S}{V} \times 100\% = \frac{\frac{G_S}{\gamma_S}}{V} \times 100\% = \frac{S}{\gamma_S} \times 100\% \tag{2-2}$$

式中 S_V——体积比含沙量(%)；

V_S——V 体积浑水内泥沙的体积，m^3；

γ_S——泥沙的容重，kg/m^3。

3. 重量比含沙量

重量比含沙量是指单位体积浑水中泥沙重量占浑水重量的百分数，可表示为

$$S_W = \frac{S}{\gamma_m} \times 100\% \tag{2-3}$$

式中 S_W——重量比含沙量(%)；

γ_m——浑水容重，kg/m^3。

(二) 浑水容重

单位体积浑水的重量称为浑水的容重，它与含沙量的关系为

$$\gamma_m = \gamma + (\gamma_S - \gamma) S_V = \gamma + (1 - \gamma/\gamma_S) S \tag{2-4}$$

式中 γ——清水的容重，kg/m^3。

若取 $\gamma_S = 2\,650$ kg/m^3，则

$$\gamma_m = \gamma + 0.623S \tag{2-5}$$

第二节 河流泥沙特性

河流泥沙特性主要包括几何特性、重力特性和水力特性，泥沙特性是河床演变分析的基础，也是河道整治设计的重要依据。

一、泥沙的几何特性

泥沙的几何特性是指泥沙颗粒占有空间的特性，即泥沙颗粒的形状和大小。

(一) 泥沙颗粒的形状

泥沙的形状是各式各样的，常见的大颗粒泥沙如砾石、卵石，多呈圆球状、椭球状或片状，外形比较圆滑，无尖角和棱线；较细颗粒的泥沙如粉土类泥沙，外形不规则，尖角和棱

线比较明显;更细颗粒泥沙如黏土类泥沙,一般都是棱角峥嵘,甚至呈分解状。

泥沙的这些形状特征与它们在水流中的运动状态密切相关。较粗的颗粒沿河底推移前进,碰撞的机会较多,碰撞时动量较大,容易磨损成较圆滑的外形。较细的颗粒随水流悬浮前进,碰撞的机会较少,碰撞时动量较小,不易磨损,往往保持棱角峥嵘的外形。

泥沙颗粒的形状常用球度系数表示,它是指与沙粒等体积的球体表面积与沙粒的实际表面积之比。用公式表示为

$$\Psi = \frac{F'}{F} \tag{2-6}$$

式中 Ψ——球度系数,$\Psi \leqslant 1$;

F——沙粒的表面积;

F'——与沙粒等体积的球体表面积。

研究表明,球度系数相同的两颗泥沙,在水中的动力特性大致相同。由于球度系数难以测定,因此对大颗粒泥沙可根据三个主轴长度来估算其球度系数,设长轴为 a,中轴为 b,短轴为 c,则球度系数为

$$\Psi = \sqrt[3]{\left(\frac{b}{a}\right)^2\left(\frac{c}{b}\right)} \tag{2-7}$$

此外,也可用形状系数 S_p 来表示泥沙颗粒的形状特征,表达式为

$$S_p = \frac{c}{\sqrt{ab}} \tag{2-8}$$

形状系数 S_p 的数值大小表征泥沙的扁平程度,S_p 越小,沙粒越扁平。

(二)泥沙颗粒大小

由于泥沙颗粒的形状很不规则,很难用一个直观的指标来衡量其大小,通常以泥沙颗粒的概化直径表示,称为泥沙的粒径,以 d 表示,常用单位为 mm 或 cm。泥沙粒径的表示方法有下列几种。

1. 等容粒径

等容粒径就是用与泥沙颗粒等体积球体的直径作为泥沙的粒径。适用于可逐颗称重或测量的粗粒泥沙。对于可逐颗称重的泥沙可根据称得的重量和沙粒的容重求出体积 V,则其等容粒径可表示为

$$d = \sqrt[3]{\frac{6V}{\pi}} \tag{2-9}$$

也可把泥沙颗粒视为椭球体,量出其长轴 a、中轴 b、短轴 c,算出体积 $V = \frac{\pi abc}{6}$,则其等容粒径可表示为

$$d = \sqrt[3]{abc} \tag{2-10}$$

统计分析表明,较粗天然沙粒的中轴长度和其长、中、短三轴的几何平均值(即等容粒径)接近相等而略大,这就为通过量测沙粒的中轴长度来代替等容粒径提供了依据。

此外,对于粗粒泥沙的粒径还可用其长、中、短轴的算术平均值$(a+b+c)/3$来表示。

2. 筛孔粒径

对于不能逐颗称重量测的较小泥沙,可采用筛析法间接确定其粒径。即把沙样放在

一套标准筛中进行筛分，以泥沙刚能通过筛孔的孔径作为其粒径，这种方法求得的粒径称为筛孔粒径，它适用于粒径大于0.05 mm的泥沙。目前，我国采用的公制标准筛筛号与孔径关系如表2-1所示。

表2-1 公制标准筛筛号和孔径关系

筛号	孔径 (mm)	筛号	孔径 (mm)
3	6.35	40	0.42
4	4.76	50	0.279
6	3.36	60	0.250
8	2.38	70	0.210
10	2.00	100	0.149
12	1.68	140	0.105
16	1.19	200	0.074
20	0.84	270	0.053
30	0.59	400	0.037

3. 沉降粒径

粒径小于0.05 mm的泥沙已不可能进一步筛分，只能采用水析法测定其沉降速度，再根据粒径与沉速的函数关系换算成对应的粒径，称为沉降粒径。

在分析颗粒大小差别较大的群体泥沙粒径时，往往不只采用单一方法测量，而是采用各种方法，综合测量。

（三）泥沙群体特征

河流中的泥沙并不是均匀一致的，而是由各种大小不等、数量不同的泥沙颗粒组成的泥沙群体。为了反映泥沙群体的组合特性，目前多采用泥沙粒径级配曲线及其统计特征值来描述。

1. 泥沙粒径级配曲线

从泥沙群体中取出一定数量的沙样，通过颗粒分析，取出沙样中各粒径级的重量或小于不同粒径的总重量，绘制频率累积曲线，即在半对数纸上以泥沙粒径 d 为横坐标，小于某粒径的泥沙在沙样中所占重量的百分数 P 为纵坐标，绘制成的 $d \sim P$ 关系曲线，通常称为粒径级配曲线，简称粒配曲线，如图2-1所示。

泥沙粒配曲线可以较全面地反映沙样粒径的大小、变化范围。曲线的坡度可以反映沙样组成的均匀程度，坡度愈陡，说明粒径变化范围愈小，沙样组成愈均匀；反之，则愈不均匀。

2. 粒配曲线上的统计特征值

在实际工作中一般都以粒配曲线上的统计特征值表示沙样粒径的特性。

1）中值粒径 d_{50}

中值粒径是指粗细沙重量各占一半时相应的粒径，即粒配曲线图中纵坐标为50%时的相应粒径，它是反映沙样粒径特点的一个十分重要的特征粒径。

2）平均粒径 d_m

平均粒径是把沙样按粒径大小分成若干粒径组，根据粒配曲线定出各粒径组的上、下

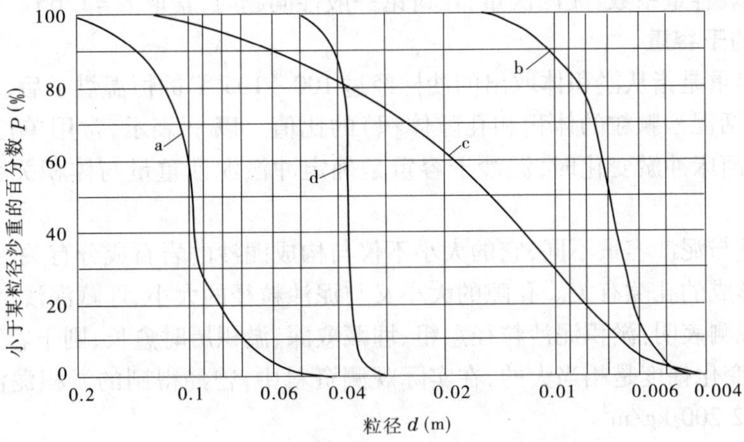

a—粗粒较多；b—细粒较多；c—粒径不均匀；d—粒径均匀

图 2-1　泥沙粒径级配曲线

限粒径 d_{max} 和 d_{min} 以及这一组泥沙在总沙样中所占的重量百分比 p_i，再用加权平均的方法算出整个沙样的平均粒径，即

$$d_m = \frac{\sum_{i=1}^{n} p_i d_i}{100} \tag{2-11}$$

式中　p_i——第 i 粒径组泥沙重占总沙样重的百分数；

d_i——第 i 粒径组泥沙的平均粒径，$d_i = (d_{max} + d_{min})/2$；

n——沙样分组的数目。

3）非均匀系数（拣选系数）φ

非均匀系数表示沙样中泥沙粒径分布的均匀程度，即

$$\varphi = \sqrt{\frac{d_{75}}{d_{25}}} \tag{2-12}$$

当拣选系数 $\varphi \to 1$ 时，表示沙样组成均匀；φ 值愈大，说明沙样组成愈不均匀。

二、泥沙重力特性

泥沙重力特性主要反映在泥沙的容重和干容重两个方面。

（一）泥沙的容重

泥沙的容重也称密实重率或重率，是指泥沙各个颗粒实有重量与实有体积的比值，以 γ_S 表示，常用单位为 t/m^3 或 kg/m^3。由于构成泥沙的岩石成分不同，泥沙的容重也不相同，一般在 2 550 ~2 750 kg/m^3 之间变化，通常取 γ_S = 2 650 kg/m^3 进行分析计算。

泥沙在水中的运动状态，既与泥沙的容重 γ_S 有关，又与水的容重 γ 有关。在分析计算中，常出现相对数值 $(\gamma_S - \gamma)/\gamma$，其中 $\gamma_S - \gamma$ 为有效容重，为了简便起见，令

$$\alpha = \frac{\gamma_S - \gamma}{\gamma} \tag{2-13}$$

式中　α——有效容重系数，无因次量，在讨论一般性问题时，常取 $\alpha = 1.65$。

（二）泥沙的干容重

泥沙的干容重是指从淤积体取出的沙样经过 100 ~ 105 ℃的恒温烘干后，其重量与原状沙样体积（包括泥沙颗粒的体积和孔隙体积）的比值。以 γ' 表示，常用单位为 t/m^3 或 kg/m^3。在研究河床冲淤变化时，泥沙干容重是确定冲淤泥沙重量与体积关系的一个重要物理量。

泥沙干容重与泥沙容重不同，它的大小不仅与构成泥沙的岩石成分有关，而且与泥沙沉积过程中所形成的孔隙有关。孔隙的大小又与泥沙粒径的大小、埋藏深浅、淤积历时长短有关。实际观测表明：淤积泥沙粒径愈粗、埋藏愈深、淤积历时愈长，则干容重愈大。因此，泥沙干容重变化幅度是相当大的，在实际观测资料中，曾经得到的淤积泥沙干容重变化幅度为 300 ~2 200 kg/m^3。

三、泥沙的沉降速度

沉降速度是泥沙的重要水力特性之一。因为沉降速度能够反映泥沙在水中运动的综合特性，可以直接判定泥沙运动的轨迹和冲淤的可能性。所以，研究泥沙的水力特性在实际工作中有着重要意义。

（一）沉速概念

由于泥沙的容重大于水的容重，在水中的泥沙颗粒受到重力作用而下沉，在开始自然下沉的一瞬间初速度为零，抗拒沙粒下沉的阻力也为零，这时沙粒仅在有效重力作用下加速下沉，随着下沉速度的增加，抗拒沙粒下沉的阻力也增大，当沙粒的有效重力与所受的水流阻力相等时，沙粒下沉速度达最大值，此后沙粒将以等速继续下沉。因为泥沙做加速运动的时段很短，因此在研究泥沙的静水沉降速度时均不考虑加速度段的历时，而把泥沙颗粒在静止的清水中以等速下沉时的速度，称为泥沙的沉降速度，简称泥沙的沉速，以 ω 表示，常用单位为 cm/s。由于泥沙颗粒愈粗，沉速愈大，所以可用沉速的大小来衡量泥沙的粗细。因此，沉速又称为泥沙的水力粗度。

（二）沉降形态

泥沙颗粒在水中下沉，水流绕过泥沙颗粒将形成绕流阻力。绕流阻力通常包括黏滞阻力与形状阻力。黏滞阻力是由液体的黏滞性和流速梯度在沙粒表面产生的切向阻力；形状阻力是沙粒沉降时在尾部产生水流分离形成旋涡而引起负压力，再与沙粒前端的正压力构成合力所形成的阻力，其大小取决于沙粒的形状和沉速。

理论和实践证明，绕流阻力与沙粒下沉的运动状态密切相关，而运动状态又与沙粒雷诺数 Re_d 有关（$Re_d = \omega d/\nu$，式中 ω 是泥沙沉速，单位为 cm/s；d 是沙粒的粒径，单位为 cm；ν 是水的运动黏滞系数，单位为 cm^2/s）。当 $Re_d < 0.5$ 时，泥沙颗粒基本上沿铅垂线下沉，附近的水体几乎不发生紊乱现象，沙粒下沉所受阻力仅有黏滞阻力，这时的沉降状态属于层流状态。当 $Re_d > 1\ 000$ 时，泥沙颗粒脱离铅垂线，以极大的紊动状态下沉，附近的水体产生强烈的扰动和涡动，沙粒下沉所受阻力主要是形状阻力，这时的沉降状态属于紊流状态。当 $0.5 < Re_d < 1\ 000$ 时，泥沙颗粒下沉的运动状态介于前述二者之间，黏滞阻力和形状阻力都应同时考虑，这时的沉降状态属于过渡状态，如图 2-2 所示。

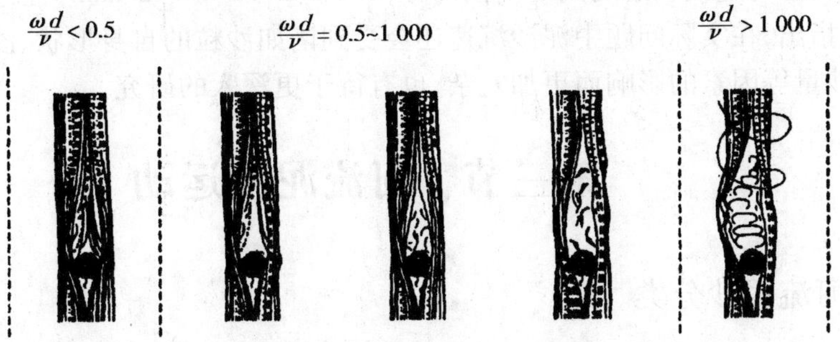

图 2-2　泥沙在静水中下沉时的运动状态

(三)沉速公式

关于泥沙的沉降速度，中外学者提出不少计算公式。这里仅介绍原水电部《水文测验试行规范》推荐的沉速计算公式。

1. *层流状态*（$Re_d<0.5$）

采用斯托克斯公式

$$\omega = \frac{1}{18}\frac{\gamma_S-\gamma}{\gamma}\frac{gd^2}{\nu} \tag{2-14}$$

式中　ω——泥沙沉速，cm/s；

γ_S——沙粒的容重，t/m^3；

γ——清水的容重，t/m^3；

g——重力加速度，取 980 cm/s^2；

d——沙粒的粒径，cm；

ν——水的运动黏滞系数，cm^2/s。

该公式适用于沙粒的粒径 $d<0.1$ mm 的层流状态沉降。

2. *紊流状态*（$Re_d>1\ 000$）

采用岗恰洛夫公式

$$\omega = 1.068\sqrt{\frac{\gamma_S-\gamma}{\gamma}gd} \tag{2-15}$$

该公式适用于沙粒的粒径 $d>1.5$ mm 的紊流状态沉降。

3. *过渡状态*（$0.5<Re_d<1\ 000$）

采用岗恰洛夫早期过渡状态公式

$$\omega = 6.77\frac{\gamma_S-\gamma}{\gamma}d + \frac{\gamma_S-\gamma}{1.92\gamma}\left(\frac{t}{26}-1\right) \tag{2-16}$$

式中　t——水温，℃；

d——沙粒的粒径，mm；

ω——泥沙沉速，cm/s。

该公式适用于沙粒的粒径 $0.15\text{ mm}<d<1.5\text{ mm}$ 的过渡状态沉降。

层流状态与过渡状态之间的空白部分($0.1\ mm < d < 0.15\ mm$)按直线内插计算。

应该指出,在实际问题中泥沙沉速还会受到诸如沙粒的自身形状、沙粒沉降中的絮凝现象、含沙量等因素的影响而更加复杂,也有待于更深入的研究。

第三节　河流泥沙运动

一、河流泥沙分类

从河流泥沙的基本存在形式上看,河道里既有组成河床相对静止的泥沙,又有随水流输移的运动泥沙。前者称为床沙(河床质),显然,一般床沙的颗粒组成要比运动的泥沙粗,组成也较均匀。而后者又因其运动形式的不同分为推移质和悬移质两类(见图2-3)。

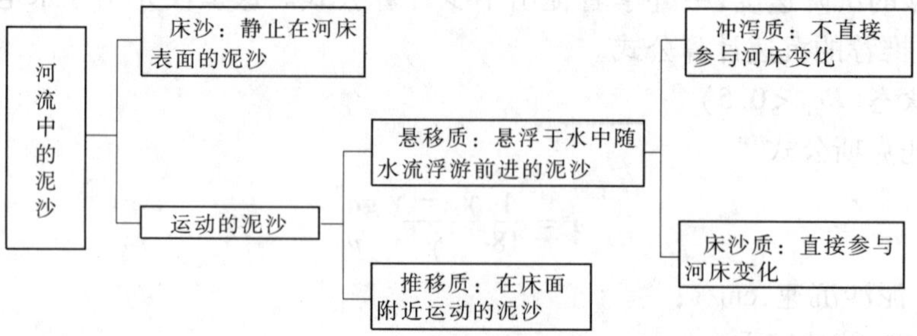

图2-3　河流泥沙分类

推移质是指在床面附近随着水流以滑动、滚动或跳动的形式运动着的泥沙,又称底沙。一般说来,推移质是水流所挟运的泥沙中较粗的一部分,可分为卵石推移质和沙质推移质,其运动范围均在床面附近1~3倍粒径的区域内。推移质运动具有明显的间歇性,时进时停。运动时为推移质,停止运动时为床沙,即推移质与床沙间不断地进行交换。推移质运动速度要慢于水流速度,同时其运动还增加了水流的能量损失。在推移质运动达到一定强度时,往往在床面上形成起伏的沙波,从而对河流阻力和推移质输移速度产生影响。

悬移质是指悬浮于水中随水流浮游前进的泥沙,又称悬沙。悬移质是水流所挟运的泥沙中较细的部分,运动速度与水流速度基本一致。悬移质借水流的紊动动能得以悬浮。悬移质尽管在运动形式和运动规律上与推移质不同,但它们之间无明显界线。在同一水流条件下,推移质中较细的颗粒有时可能短时以悬移质方式运动,悬移质中较粗的颗粒也可能短时以推移质方式运动。就同一泥沙而言,水流流速较弱时,悬移质变成推移质;水流流速较强时,推移质变成悬移质,即推移质与悬移质之间也进行互相交换。

河流中的泥沙,从水面到河床其运动是连续的。在床面附近,受水流条件影响,悬移质、推移质、床沙之间都在不断地进行交换,正是这种交换作用推动河床不断演变。

另外,从河床演变的角度来说,河流中的泥沙又可分为两大类:一类为造床质(床沙质),它既可以推移质或悬移质的形式存在于水流层,也可以静止的形式存在于床面层,这两种形式的泥沙可以相互交换、相互补给。显然,如果水流自床面补给得多,河床势必呈现冲刷，则河床发生粗化。反之，如果水流中的床沙质向床面落停得多，河床势必呈现淤积，则河床发生细化。另一类为非造床质（冲泻质），主要由流域侵蚀而来，以悬浮形式存在于水流层，自河底至水面，单位水体中含量相差甚微，在床面层中为数极少，当河段出现冲刷现象时，不可能由床面层得到充分补给。

二、推移质运动

（一）泥沙起动

床沙由静止转入运动，这种现象称为泥沙的起动，相应的临界水流条件称为泥沙的起动条件。通常表达起动条件的形式有两种：一种是泥沙起动时的水流垂线平均流速即起动流速；另一种是泥沙起动时的床面水流切应力即起动切应力（起动拖曳力）。泥沙的起动是河床冲刷变形和底沙输移的先决条件。下面介绍我国生产和科研单位广泛采用的起动流速这一表达形式。

假定河床是由大小均匀一致、无黏性的散粒体泥沙所组成的，坡降极缓（即认为 $J=0$），水流为均匀流。当水流经过这样的床面时，将使泥沙颗粒受到三种不同的作用力（见图 2-4）：其一是水流流过泥沙颗粒而产生的摩擦阻力和形状阻力的合力，即推移力 F_t；其二是水流不对称绕过泥沙颗粒而产生向上的压力差，即上举力 F_l；其三是泥沙颗粒在水下的有效重力 G。根据力的平衡原理，当 $F_t=f(G-F_l)$（f 为泥沙颗粒间摩擦系数）时，泥沙颗粒处于起动的临界状态，由此可求出泥沙颗粒起动时的临界底速（即起动底速），再用指数型流速分布公式将起动底速转换为垂线平均流速，从而可得起动流速公式，即沙莫夫公式

$$U_c = 4.6h^{\frac{1}{6}}d^{\frac{1}{3}} \tag{2-17}$$

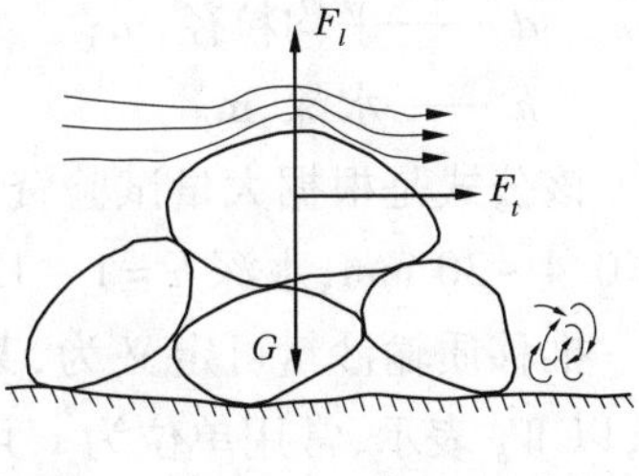

图 2-4　作用于泥沙颗粒上的外力

式中　U_c——起动流速，m/s；

h——水深，m；

d——沙粒粒径，m。

该公式适用于 $d>0.2$ mm 的非黏性沙。

武汉大学张瑞瑾教授考虑黏结力导出的公式为

$$U_c = \left(\frac{h}{d}\right)^{0.14}\left(17.6\frac{\gamma_S-\gamma}{\gamma}d+0.605\times10^{-6}\frac{10+h}{d^{0.72}}\right)^{\frac{1}{2}} \tag{2-18}$$

式中各项符号意义同前，但单位须相应采用 kg、m、s 制。

（二）推移质输沙率、输沙量

通常把在一定的水流及床沙组成条件下，单位时间内通过河流某过水断面的推移质数量称为推移质输沙率，以 G_b 表示，常用单位为 t/s 或 kg/s。由于过水断面内水流条件沿河宽变化很大，导致推移质输移强度沿河宽变化也很大，所以又常把单位时间内通过单位河宽的推移质数量称为单宽推移质输沙率，以 g_b 表示，常用单位 t/(s·m)或kg/(s·m)。推移质输沙率既表征水流实际挟运的推移质数量，又反映水流挟运推移质的能力，它在河床演变、水库淤积以及引水口的引水防沙研究中，都具有十分重要的意义。

目前,确定推移质输沙率方法有两类:一是水文测验法,用推移质采样器现场实测,以确定推移质输沙率,但由于采样器本身及采样方法还存在缺陷,因而观测成果的可靠性很差;二是根据水力、泥沙因素建立推移质输沙率公式,并通过试验资料确定系数和指数。同样,由于公式得不到天然实测资料验证而缺乏可靠性。因此,无论用采样器现场实测还是公式计算,其结果误差都较大,则应对资料进行慎重考虑。

下面简要介绍以拖曳力为主要参变数的梅叶－彼得推移质输沙率公式

$$g_b = \frac{\left[\left(\frac{n'}{n}\right)^{\frac{3}{2}}\gamma hJ - 0.047(\gamma_S - \gamma)d\right]^{\frac{3}{2}}}{0.125\left(\frac{\gamma}{g}\right)^{\frac{1}{2}}\left(\frac{\gamma_S - \gamma}{\gamma_S}\right)} \tag{2-19}$$

式中 n ——糙率系数;

n'——河床平整情况下的沙粒糙率系数,$n' = d_{90}^{1/6}/26$,d_{90}为粒配曲线中90%较之为小的粒径,m;

γ——水的容重,t/m³;

γ_S——泥沙的容重,t/m³;

J ——河流能坡;

d ——平均粒径,m;

h ——水深,m。

该公式是根据大量试验资料得出的。资料范围为:能坡 $J = 0.000\,4 \sim 0.02$,平均粒径 $d = 0.4 \sim 30$ mm,水深 $h = 1 \sim 120$ cm,流量 $Q = 0.000\,2 \sim 4$ m³/s,$\gamma_S = 1.25 \sim 4.2$ t/m³。

推移质输沙量可定义为,某一时段内(年、月、日)通过河流某过水断面的推移质数量,以 W_b 表示,常用单位为 t,可用下式计算

$$W_b = G_b \Delta t \tag{2-20}$$

式中 G_b——推移质输沙率,t/s;

Δt——时段,s。

三、悬移质运动

河流中随水流悬浮前进的悬移质在平原河流泥沙中占主要部分。因此,研究悬移质运动,对于治理冲积性平原河流,开发水利有十分重要的意义。

(一)泥沙悬浮机理

悬移质的容重一般为2.6～2.7 t/m³,比水的容重大得多,因此在水中悬浮的悬移质若仅受重力作用,则原来的浑水将由于悬移质的下沉而很快变为清水。悬移质之所以能够进行持续性很大的悬浮运动,并实现其远距离输移,是由于它除受重力作用,还同时受使其有上浮效果的紊动扩散作用。当重力作用超过紊动扩散作用时,水流中的含沙量将逐渐减少,整个过程表现为淤积。反之,若河床可冲,则发生冲刷。若两种作用处于暂时的相持状态时,悬移质上浮与下沉大致相当,则水流中的含沙量将暂时保持基本不变,河床处于不冲不淤的相对平衡状态。

(二)悬移质含沙量沿垂线分布规律

前面我们已经定性了解到悬移质含沙量沿垂线分布规律一般是由水面向河底递增的。而对这一规律的定量描述,在取水防沙工程的设计、悬移质输沙率的推求等方面具有更加重要的意义。下面简要介绍二元恒定均匀流在平衡情况下时均含沙量沿垂线分布的劳斯公式。

奥布赖恩及劳斯利用紊动扩散理论,并作了两个重要的假设:①ω 沿水深为定值;②泥沙紊动扩散系数等于相应的动量紊动扩散系数,得到二元恒定均匀流在平衡情况下时均含沙量沿垂线分布的方程式。

$$\frac{S}{S_a}=\left[\frac{\frac{h}{y}-1}{\frac{h}{a}-1}\right]^{\frac{\omega}{\kappa U_*}} \tag{2-21}$$

式中,κ 为卡门常数(在清水水流中取0.4),只要已知泥沙沉速 ω 和摩阻流速 U_*($U_*=\sqrt{ghJ}$,h 为水深,J 为水面比降),同时知道 y(距河底的距离)等于某一数值 a($a=(0.04\sim0.05)h$)处的时均含沙量 S_a,则整个垂线上任意离河床底距离为 y 处的时均含沙量 S 就可以求出。

由于公式是由无因次项组成,故各物理量的单位可以任意采用,只须彼此协调即可,通常采用的单位是 kg、m、s。式中 $z=\omega/\kappa U_*$ 为悬浮指标,表示重力作用与紊动扩散作用的相互关系,ω 表示重力作用,κU_* 表示紊动作用。z 愈大表示重力作用较紊动作用强,相对平衡情况下,含沙量的垂线分布愈不均匀;z 愈小表示紊动作用较重力作用强,相对平衡情况下,含沙量的垂线分布较均匀。这一规律从图 2-5 中不同 z 值对应的实曲线变化可以看得很清楚。值得注意的是,当 $z\geqslant5$ 后,泥沙悬浮量甚微。所以,通常把 $z=5$ 作为泥沙进入悬浮状态的临界值。

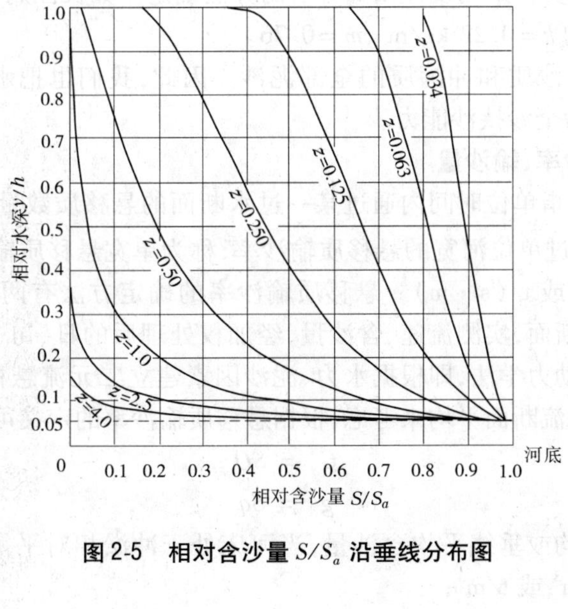

图 2-5 相对含沙量 S/S_a 沿垂线分布图

很多学者的研究说明,如果泥沙颗粒较细,含沙浓度较小,劳斯公式计算结果与实测资料还比较符合;如果泥沙颗粒较粗,含沙浓度较大,计算结果与实测资料有较大的偏差。同时按式(2-21)计算,水面的含沙量恒为0,床面的含沙量总是∞,这显然是不符合实际的。出现这些问题与公式推导过程中某些假设不符合实际情况有关。

(三)水流挟沙能力

水流挟沙能力是指河床处于冲淤相对平衡时,具有一定水力和泥沙因素单位水体所能挟带悬移质中床沙质的数量,常用 S_* 表示,常用单位为 kg/m^3。它是水流能够挟带的悬移质中床沙质的临界含沙量(饱和含沙量),当水流中悬移质中的床沙质含沙量超过这个临界数量时,水流处于超饱和状态,河床将发生淤积。反之,水流处于次饱和状态,河床将发生冲刷。通过这种淤积和冲刷,使悬移质中的床沙质含量恢复至临界数值,达到冲淤新的相对平衡状态。

影响水流挟沙能力的因素很多,还不能完全用理论分析的办法取得结果,一般采用经验或半经验公式。下面简要介绍张瑞瑾一元水流挟沙能力公式

$$S_* = k\left(\frac{U^3}{gR\omega}\right)^m \tag{2-22}$$

式中 S_*——水流挟沙能力,kg/m^3;

U——断面平均流速,m/s;

R——水力半径或断面平均水深,m;

ω——悬移质中床沙质泥沙的平均沉速,m/s;

k——系数,kg/m^3;

m——指数。

在运用中,m 值及 k 值的准确选定非常重要。若研究对象具有可用的实测资料,m 值及 k 值最好根据实测资料采用线性回归分析的方法确定。如长江荆江段 $k=0.07\ kg/m^3$,$m=1.14$;黄河干流的 $k=0.22\ kg/m^3$,$m=0.76$。

全沙是指包括床沙质和冲泻质的全部泥沙。因此,我们也把水流挟带全部悬移质(即全沙)的能力称为全沙挟沙能力。

(四)悬移质输沙率、输沙量

悬移质输沙率是指单位时间内通过某一过水断面的悬移质数量,以 G_S 表示,常用单位为 kg/s 或 t/s。通过单位河宽的悬移质输沙率,称为单宽悬移质输沙率,以 g_S 表示,常用单位为 kg/(s·m)或 t/(s·m)。悬移质输沙率的确定方法有两类:一类是水文测验法,即在河道上选定断面,实测流速、含沙量,经加权处理后的日、旬、月、年平均悬移质输沙率;另一类是河流动力学法,即根据水力、泥沙因素建立二元流悬移质输沙率公式进行计算。若近似按一元流断面平均来考虑,根据悬移质输沙率的定义可得到

$$G_S = SQ \tag{2-23}$$

$$g_S = Sq \tag{2-24}$$

式中 S——断面平均或垂线平均含沙量,当河床处于冲淤相对平衡时则为水流挟沙能力,kg/m^3 或 t/m^3;

Q——断面流量，m^3/s；

q——单宽流量，$m^3/(s \cdot m)$。

悬移质输沙量可定义为，某一时段内（年、月、旬、日）通过河流某过水断面的悬移质数量，以 W_S 表示，常用单位为 t，可用下式计算

$$W_S = G_S \Delta t \tag{2-25}$$

式中 G_S——悬移质输沙率，t/s；

Δt——时段，s。

第三章　河床演变及河道整治

第一节　河床演变基本原理及分析

河床演变是水流与河床以泥沙为媒介永不停止的相互作用的结果，水流与河床二者相互制约、相互依存，通过水流中泥沙的淤积（冲刷）使河床升高（降低）。河床变形的过程也就是组成河床的泥沙与水流中所挟带的泥沙运动和交换的过程。

一、河床演变分类

河床演变是指河道在自然条件下或受人工干扰时所发生的空间位移和随时间的变化。不同类型的河段，或同一河段的不同时期，河床演变的现象往往不尽相同。为了研究的方便，从工程角度考虑，冲积河流的河床演变形式按其特征分类如下。

（一）按河床演变空间特征分为纵向变形和横向变形

纵向变形是指河床沿水流流程在纵深方向发生的冲淤变化，表现为河床因冲刷而降低，或因淤积而升高。横向变形是指河床横断面所发生的冲淤变化。当河床发生横向变形的同时，其平面形态也必然发生变化。

（二）按河床演变的时间特征分为单向变形和复归性变形

单向变形是指河床在长期内只是单一地朝某一方向发展的演变现象。即河床在此期间，只有冲刷变形，或只有淤积变形，不存在冲刷变形与淤积变形交替发生的现象。如黄河下游河段之所以成为“地上悬河”，就是长期朝着单一的淤积变形方向发展的结果。然而，单向变形是相对平均情况而言的，即使在持续淤积（冲刷）的演变过程中，也会出现冲刷（淤积）现象。因此，严格的单向变形是不存在的。复归性变形则是指河床在一定时期内处于淤积（冲刷）变形发展状态，而后一定时期内又处于冲刷（淤积）变形发展状态，如此周期性往复发展的演变现象。

（三）按河床演变的影响范围分为长河段变形和短河段变形

长河段变形是指河床在较长距离内的普遍冲刷或淤积现象。短河段变形是指在较短距离内局部河床的冲淤变化。同时，在各种局部水流条件的影响下，还会出现各种形式的局部变形。

上述各种变形往往错综复杂地交织在一起，再加上各种局部变形，构成了复杂多变的河床演变现象。

二、河床演变基本原理

水流与河床的相互作用是以泥沙为纽带进行的，河流来水来沙的不恒定性或河道受到人工干扰时都会引起河床发生变化。

(一)输沙不平衡是引起河床演变的根本原因

尽管河床演变的具体原因可能千差万别,但根本原因总是归结为输沙的不平衡。当上游的来沙量大于本河段水流的输沙能力时,水流不能将全部泥沙带走,河床就会产生淤积,使河床升高;当上游的来沙量小于本河段水流的输沙能力时,水流就要从河床获取一定的泥沙,从而产生冲刷,使河床下降。因此,河床的纵向变形、横向变形及局部变形分别是由纵向输沙不平衡、横向输沙不平衡和局部输沙不平衡所引起的。

对于河道演变来说,由于输沙不平衡所引起的河床变形是绝对的,而输沙平衡使河床处于稳定状态,这样的稳定状态是相对的、暂时的。

(二)河床和水流的自动调整作用

河流来沙与输沙不平衡引起的河床变形过程,实质上也是水流与河床相互作用并朝着恢复输沙平衡方向发展,即朝着变形停止方向发展的过程。当上游的来沙量大于本河段水流的挟沙能力时,本河段河床产生淤积,上游河段与本河段间的比降减小,流速降低,导致来沙量减少;而本河段和下游河段之间比降增大,水流流速增加,使水流的挟沙能力增大,来沙量和输沙能力逐渐趋于平衡,从而使河床的淤积变形逐渐趋于停止。反之,当上游的来沙量小于本河段的输沙能力时,情况则与上述相反。这种使本河段水流的挟沙能力与上游的来沙能力相适应,恢复河道的输沙平衡,使变形朝着趋于停止方向发展的作用被称为河床和水流的"自动调整作用"。它不仅反映了河流受到干扰后的敏感反应,而且反映了河流的应变能力。

三、影响河床演变的主要因素

河床演变的影响因素极其复杂,主要因素有:

(1)河段进口的来水来沙条件,包括来水量、来水过程、来沙量、来沙过程及来沙组成。

(2)河段出口的条件,即河段出口的水位—流量关系。

(3)河段所在河谷的地质地貌情况,包括河道形态、河道比降等。

(4)人类活动。

河段进口的来水来沙条件是一个决定性的因素,它和河段出口条件构成了来沙量与挟沙能力之间的对比关系。这种对比关系影响河床的变化,而河床的变化又会影响它们之间的对比关系。所以,各因素之间的内在联系异常复杂,由它们决定的河床演变过程也随之复杂多变,使得不同的河流乃至同一河流的不同河段、不同时期的演变过程也各具特色。

特别是人类活动对河流系统的影响日益显著,对河床演变的影响也日趋严重。如大型水利枢纽工程、引水工程等建筑物的修建,改变了天然的来水来沙条件和出口的河床边界条件,致使下游河床演变受控于工程的运用方式。在这些情况下,人类活动变成了影响河床演变的主要因素。

四、河床演变分析方法

(一)基本方法

实践中对天然河道常采用以下基本方法进行河床演变的分析:

(1)资料分析法。利用天然河道的实测资料对河道的演变过程进行分析预测。

(2)数学模型法。运用泥沙运动的基本理论和河床演变的基本原理,对河床变形进行理论计算。

(3)模型试验法。根据河道水流相似原理,按一定比尺制作河道模型,模拟实际河道演变过程。

(4)类比分析法。利用条件相似河段的实测资料进行类比分析,取得本河段的演变规律。

以上方法可以单独运用,也可以联合使用,相互对比,使得到的认识更为可靠。重要工程或重要河流、河段应尽可能采用各种方法进行分析研究。对具体河段的河床演变分析时,采用实测资料分析方法是最基本的工作,因为实测资料来源于天然河道,是客观实际的真实反映,是河床演变分析的物质基础。采用真实的资料、可靠的分析方法,就能比较正确、可靠地反映河床演变的客观规律,现仅对该方法进行介绍。

(二)实测资料分析法

1.实测资料分析的准备工作

首先收集和熟悉该河段所有资料,包括河道地形图、河势图、河道水文泥沙资料、河道航测或卫星照片、河防历史典籍等。同时,对河段进行现场查勘,通过当地的水利部门、当地居民了解河道的历史、现状、发展趋势、影响因素等,获得可靠的资料。

2.资料分析

河床演变是水流与河床以泥沙为纽带相互作用的结果。在分析河床演变时,要紧紧抓住影响河床演变的主要因素,找出其内在的规律。对有关的资料进行审查,去伪存真,然后对资料、图纸进行整理。采用相同的比例尺和控制点将历年的河道地形图、河势图分别进行套绘,从中找出河道变迁、河势变化的趋势。

例一,黄河山东某河段主流线变化情况如图 3-1 所示。在历经将近 20 年的河道演变过程中,主流线由靠近邓庄演变移至辛庄和东孙密城附近。从图中可以分析得出河势总的变化趋势。

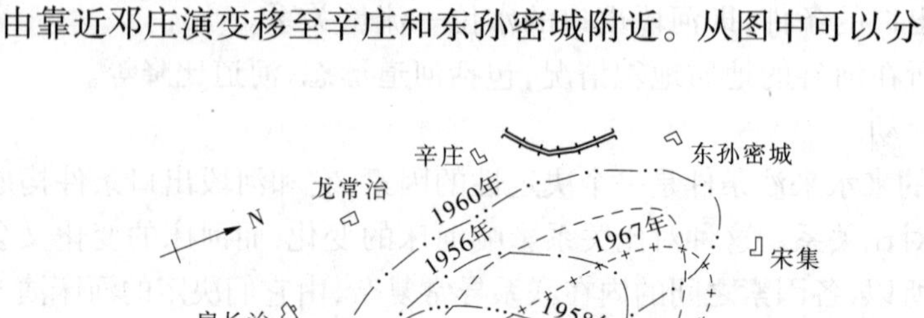

图 3-1　黄河山东某河段主流线变化图

除套绘平面图外,还可套绘横断面图,分析河道断面形态及横向冲淤变化;也可以由河段横剖面图进行横向冲淤幅度和冲淤量的估算。河道的纵向冲淤变化可通过绘制河段历年实测深泓线(或河底高程)图,加以分析比较获得。

同时,还可根据历年实测的水位、流量资料,绘制同流量下的水位过程线来判断历年的河床冲淤变化和发展趋势。

例二,长江中游某河段深泓线纵剖面如图 3-2 所示。由深泓线随时间的沿程变化情况可以分析得到河床在历经数十年的演变过程中的纵向冲淤变化。

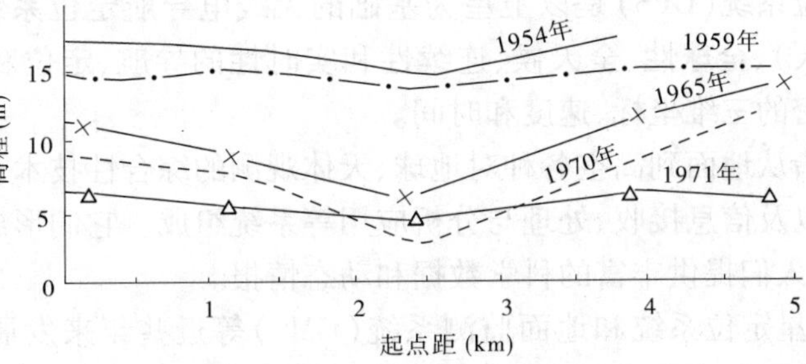

图 3-2　长江中游某河段深泓纵剖面图

如果河段沿程有实测输沙率(含沙量)资料或断面实测资料时,可采用输沙法(根据输沙平衡原理)或断面法来计算河段的沿程冲淤量。

来水来沙条件是河床演变的主要影响因素,因此可以根据年平均流量和年平均输沙率确定多年平均流量和多年平均输沙率,分析年份所属的类型。如果是大水小沙年,则利于河道的冲刷;中水中沙年,河道冲淤平衡;小水大沙年,则造成河道的淤积。

例三,图 3-3 为长江中游某水文站来水来沙分析图。根据来水来沙条件,可以分析确定河床冲淤变化。

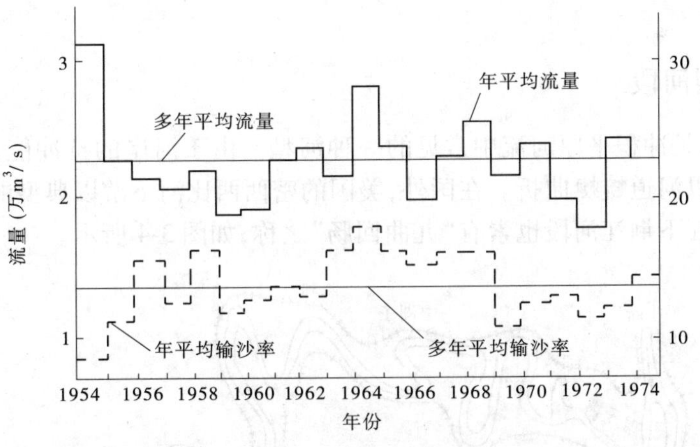

图 3-3　长江中游某水文站平均流量与平均输沙率过程线

河床地质条件也是影响河床演变的重要因素,并且由于地质构造的复杂性,使河床演变的过程更具多变性。当河床由松散沙质组成时,河床较不稳定,河床的演变发展较为剧烈;如果河床由较难冲刷的土质组成时,河床较为稳定,演变的过程则较为缓慢。

各方面的分析应相互联系、相互补充,综合分析找出河段河床的演变规律及影响因素，推测出准确的河道演变趋势，提出切实可行的河道治理措施。

（三）GIS、GPS 等新技术在河床演变分析中的应用

地理信息系统（GIS）为空间信息系统（SIS）的重要组成部分，是为某种目的而建立的，在计算机软、硬件的支持下，对有关空间数据按地理坐标或空间位置进行预处理、输入、存储、查询检索、运算、分析、显示、更新、提供应用、研究并处理各种空间实体及空间关系为主的技术系统。

全球卫星定位系统（GPS）是以卫星为基础的无线电导航定位系统，具有全能性（陆地、海洋、航空航天）、全球性、全天候、连续性和实时性的导航、定位和定时的功能，能为各类用户提供精密的三维坐标、速度和时间。

遥感技术是指从地面到高空各种对地球、天体观测的综合性技术系统的总称，由遥感平台、遥感仪器，以及信息接收、处理与分析应用等系统组成。它们形成信息网络，夜以继日、源源不断地向人们提供丰富的科学数据和动态情报。

遥感、全球卫星定位系统和地面监测系统（GMS）等近些年来发展起来的新技术，在河床演变分析中得到了广泛应用。它们可以获取河道的水下地形图、河势图、来水来沙情况、洪水灾害等诸多信息，在地理信息系统支持下快速处理、系统分析、综合评价，依靠快速通信网络及时将各种重要信息传递到相应部门，为河道整治等提供科学依据。

第二节　平原河流河床演变特点

冲积平原河流由于形成条件不同，其水流泥沙运动、平面形态及河床演变都具有各自的特点。按照平面形态和运动特性分为四种河型：顺直型、弯曲型、分汊型和游荡型。顺直型河段是最简单的河型，且往往与其他河型的河段连在一起，并受其影响，故本书不作专门介绍。

一、弯曲型河段

弯曲型河段是冲积平原河流中常见的一种河型。由于河岸的抗冲能力较强，且具有可冲性河段，所以河道蜿蜒曲折。在国外，美国的密西西比河下游以典型的弯曲型河段著称于世；我国长江下荆江河段也素有“九曲回肠”之称，如图 3-4 所示。

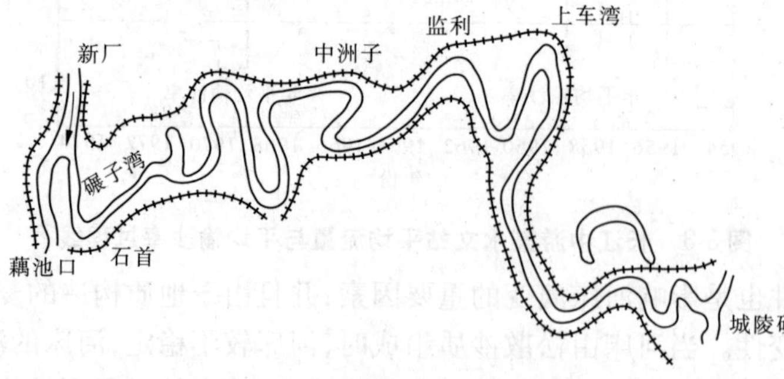

图 3-4　长江下荆江弯曲型河段

(一)弯曲型河段河道特性

1. 平面形态

弯曲型河段是由一系列具有一定曲率而正反相间的弯道和较顺直的过渡段衔接而成的,可用河湾半径 R、河湾中心角 θ、河湾摆幅 T_m 等来描述其平面特征,如图 3-5 所示。

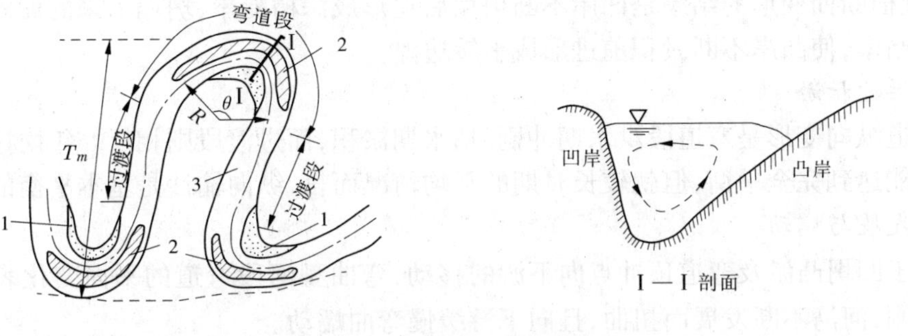

1—边滩;2—深槽;3—过渡段浅滩

图 3-5　弯曲型河段平面图

弯曲型河段以上下两个过渡段中点为标准,沿河槽的曲线长度与两点间的直线长度之比称为河湾的曲折系数。曲折系数越大,其弯曲越甚。

2. 弯曲型河段横断面形态

弯道段河床横剖面呈不对称的三角形,凹岸水深坡陡,凸岸水浅坡缓;过渡段横断面呈不对称的抛物线形或梯形。

3. 弯曲型河段纵剖面形态

河床纵剖面沿程深槽(河湾段)与浅滩(过渡段)的深泓高程一般不相同,具有波浪起伏的形态特征。

(二)弯曲型河段的水沙特性

1. 水流运动特点

由于弯道的存在,水流受到重力和离心惯性力的双重作用,结果产生从凹岸指向凸岸的水面横比降和弯道横向环流运动,环流上部指向凹岸,下部指向凸岸。一般横比降在弯顶附近最大,向上下游两个方向逐渐减小。弯道内横向环流与纵向流动合成就形成了螺旋流。

弯曲河道主流线位置具有很强的规律性。主流线在弯道进口段附近偏靠凸岸;进入弯道后,主流线则向凹岸偏移,到达弯顶稍上部,偏靠凹岸而行。主流逼近凹岸的位置叫顶冲点。自顶冲点以下相当长距离的弯道内,主流紧贴凹岸而行,然后逐渐脱离。

弯道段主流线的另外一个特点是“低水傍岸,高水居中”,即“低水走弯,高水走滩”。顶冲点的位置则出现“低水上提,高水下挫”的特点,也就是低水时顶冲点位置在弯顶附近或弯顶稍上,高水时顶冲点则在弯顶以下。

2. 泥沙运动特点

由于弯道内水流为螺旋流,使得表层含沙量较小的水流冲向凹岸处潜入河底,并从凹岸挟带大量泥沙斜向流往凸岸,泥沙向凸岸不断输移,造成凹岸冲刷、凸岸淤积,形成弯曲型河段横向输沙不平衡。

（三）弯曲型河段演变特点

横向输沙不平衡是引起弯曲型河段河床演变的根本原因。演变的主要特点如下。

1. 凹岸崩退、凸岸淤长

由于横向环流的作用，表层含沙量小的水流流向并冲刷凹岸，加之纵向水流对凹岸的顶冲，使横断面变形的结果是凹岸不断坍塌后退形成深槽陡岸；坍塌下来的泥沙被底部水流带往凸岸，使凸岸不断淤积前进形成平缓边滩。

2. 洪冲枯淤

河道纵向变形是弯道段洪水期冲刷、枯水期淤积，而过渡段则相反。年内这种冲淤量虽然不能达到完全平衡，但就较长时期的平均情况而言，纵向输沙是基本平衡的。

3. 发展与蠕动

由于凹坍凸淤及弯道顶冲点向下游的移动，弯曲型河段弯道的平面变化表现为弯曲程度加剧，河湾不断发展而扭曲，且向下游缓慢弯曲蠕动。

4. 弯道消长

当弯道急剧发展形成曲率较大的锐弯或狭颈时，如遇大洪水漫滩就可能将其冲开，发生自然裁弯现象。裁弯后，老河的淤积发展过程相当快。初期由于流量减小，流速减缓，水流挟沙能力迅速降低，使老河沿程普遍淤积，但弯道仍然洪冲枯淤。当分流比小于0.5时，即转化为单向淤积过程。末期，老河由于上下口门泥沙淤积而断流，形成牛轭湖，最终趋于消亡。

裁弯后初期，新河由于比降大，且引入的是表层水流，沙少而细，故水流挟沙能力很大，使新河很快被冲深拓宽，发展迅速；随着新河的发展，比降被逐渐调平，则断面不断扩大并且形成不对称三角形形状，同时向凹岸单侧展宽，凸岸出现淤积现象，新河逐渐形成弯道；当比降调平接近完成时，新河的演变与一般弯道的演变规律相似，河床平行向凹岸方向移动。

裁弯后，老河道淤废，可能形成牛轭湖；新河发展成为主河道，又会向弯曲方向发展。这种发展和消亡的演变过程在弯曲型河段是普遍存在的。

二、分汊型河段

分汊型河段一般位于河流的中下游比较宽阔的河谷中，通常沿岸组成物质不均匀，且在河段的上游往往有比较稳定的河道边界或有节点控制，并且流量变幅不大、含沙量不大。这种河型在我国黑龙江流域的松花江流域、珠江流域的北江、东江和长江中下游都广泛分布。

（一）分汊型河段的平面形态

分汊型河段平面形态有三类：顺直型分汊（各股汊道都较顺直）、微弯型分汊（至少有一个汊道弯曲系数较大）和鹅头型分汊（平面上呈鹅头状），如图3-6所示。

分汊型河段的中水河槽呈宽窄相间的藕节状，宽段常有一个或多个江心洲将水流分成多汊；窄段为单一河槽。在分流区和汇流区常有环流存在，且断面多呈中间部位凸起的马鞍形；分汊段则为江心洲分隔的复式断面。

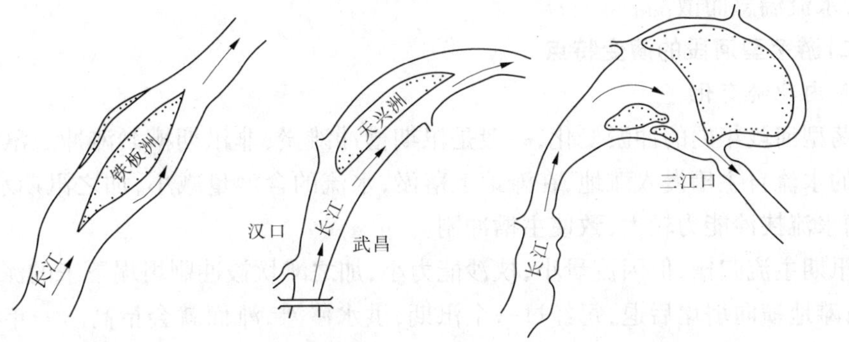

(a)顺直型分汊 (b)微弯型分汊 (c)鹅头型分汊

图 3-6 分汊河道的类型

(二)分汊型河段的演变特点

1. 洲滩的移动与分合

洪水漫过江心洲时，由于洲面水深小、流速低，一部分悬移质泥沙在其上淤积，使洲面不断淤高。江心洲头部由于水流的顶冲和分流区环流的作用不断崩塌后退；尾部在螺旋流作用下淤积延伸，整个江心洲缓慢向下游移动。在移动过程中，往往通过几个江心洲的合并，体积不断扩大；遇大水时，大的江心洲也可能被水流冲开，分成几个较小的江心洲。随着汊道的衰亡，江心洲靠向一岸转化为河漫滩。

2. 汊道的兴衰和交替

汊道中具有微弯的外形者，往往因分流比小、分沙比大而逐渐衰弱；而直汊道则趋于发展，甚至成为主汊及发展成为单一河道。但这种局面往往是暂时的，由于主汊的不断展宽，又会在江中淤积成江心洲，形成分汊河道；汊道形成之后，又会进行新的一轮演变。演变的过程见图 3-7。

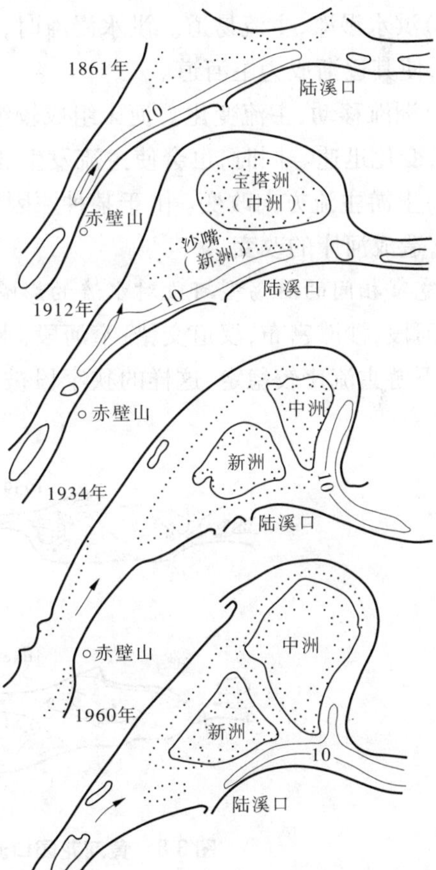

图 3-7 陆溪口汊道演变

三、游荡型河段

(一)游荡型河段河道特性

游荡型河段一般比较顺直，长距离呈藕节状，即宽窄相间，呈现“宽、浅、散、乱”的特点。即河床宽浅，沙滩密布，汊道交织，水流湍急而散乱。

（二）游荡型河段的演变特点

1. 年内冲淤变化

游荡型河段年内的冲淤变化，一般是汛期槽冲滩淤，非汛期槽淤滩冲。汛期时，含沙量较大的水流自主槽漫入滩地，在滩地上落淤，水流的含沙量减小，加之汛期水流流速较大，主槽水流挟沙能力较大，致使主槽冲刷。

非汛期主流归槽，但因流量小，挟沙能力小，加之滩坎被冲刷坍塌下来的泥沙，促使主槽淤积；滩地横向坍塌后退，每经过一个汛期，洪水漫滩，滩面就会抬高。一年内如此，但在长时间内，表现为主槽和滩地淤积抬高，滩槽高差变化不大。

2. 游荡型河段平面变化规律

游荡型河段主流摆动不定，摆幅大，导致河势变化剧烈。表现为：

(1) 河床淤积抬高，主流夺汊。在汊沟纵横、沙滩密布的河槽中，主流流经的河槽较低，由于泥沙的淤积，河床抬高，水位抬高，水流流向较低汊道。一场大水，便可改流汊道，原主汊逐渐淤塞。

(2) 洪水漫滩，主流易道。洪水漫滩时，水面坡降大，水流冲刷能力大，易切滩冲出一条汊道，使其逐渐成为主河道。

(3) 洲滩移动，主流变化。河床组成较细，且河床中沙滩密布，在较强水流作用下，冲刷下移，变化迅速。同时，也会使主流发生变化。

(4) 上游主流方向改变。由于某种原因引起的上游主流方向变化，势必影响下游主流的流向，造成河床的改变。

3. 宽窄相间的游荡型河段对水流的影响

宽河段，沙滩密布，汊道交错；窄河段，水流顺直而集中，起着控制河势变化的作用，一般可使下游主流比较稳定，这样的狭窄段被称为节点。图 3-8 即为汛期游荡型河段的演变过程。

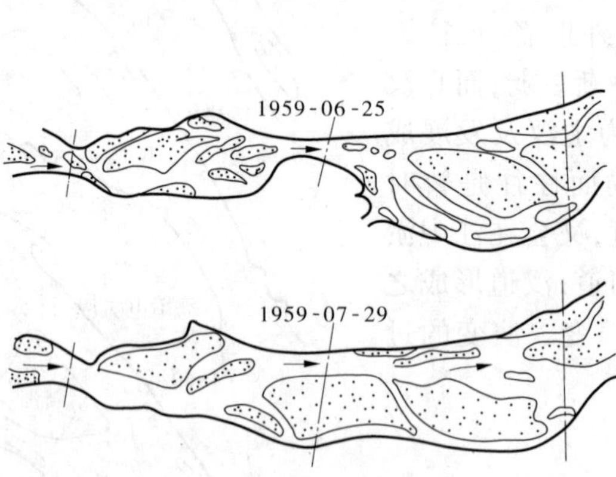

图 3-8　黄河花园口游荡型河段的演变过程

总之，游荡型河段易冲易淤，河床演变复杂多变，给河床变形预测和控制带来了较大的难度，也是河道整治的问题所在。因此，必须进行彻底的治理。

第三节 河道整治规划

河道整治是人类为了满足社会发展中的某些要求而对天然河流进行的改造、治理。河道整治规划为一个长期目标的规划，是流域规划的一个组成部分，包括防洪、航运、灌溉、河渠稳定、环境平衡等与水沙调节相关的一系列整治目标的规划。

一、河道整治规划的原则

不同的河流、不同的河段在不同时期整治的目的不尽相同，因此河道整治规划必须从宏观、全局、长远的发展目标出发，全方位考虑沿河上下游、左右岸人类活动对河流的影响与要求，结合河道的发展与演变规律，制定出切实可行、经济合理、体现整体利益的河道整治规划。

河流治理涉及面广，不同整治目的对河道整治有不同要求。防洪要求每一河段必须有足够的泄洪断面，且河道顺畅无过分弯曲和过分束窄段，同时河岸线稳定，以确保通过相应的洪水和承受相应的水位，保证为增加泄洪断面而修筑的堤防工程的稳定与安全。航运要求深槽稳定，水流平顺无险恶流态，具有足够的航宽、通航水深和流速。取水口对河道的要求是取水工程所在的河段河道稳定，无严重的淤积和冲刷，引水的质和量应满足要求。河道稳定，水流比较平顺，无严重折冲水流冲刷河床是桥渡对河道的要求。

同时，河流具有自我调节的功能，它的演变与发展遵循着一定的规律。因此，根据河势的发展和经济发展的需要，制定科学的整治规划，才能对整治工程措施做出合理安排。

河道整治规划必须遵循的原则是：全面规划、综合治理、因势利导、因地制宜。全面规划就是要有全局观点，对河道上下游、左右岸、干支流等各方面的要求通盘考虑，合理解决各方面的矛盾，使整体效益最大。综合治理是指对不同河段、不同目的的整治要求，结合本河段的特点，分清轻重缓急，兼顾各方面的要求进行河道的整治，以求效益最大。因势利导是针对河流在发展中的演变规律，提出适宜的整治规划，以利各方面的要求。根据河道发展的趋势，抓住有利时机及时整治，兴利除弊。因地制宜则要求在制定河道整治规划时，一定要根据本河流、本河段的形态、特性和发展演变规律，结合上下游、左右岸的要求和整治目标，有步骤、有阶段地对重点河段进行整治，由点至线，逐渐形成整体。根据当地的适宜情况采取有效的整治措施来整治建筑物，合理布置，切不可生搬硬套其他河流和其他整治工程的型式。

河道整治规划不仅要着眼于现状，也要放眼于今后的发展与变化，这样才能提出一个各方面都能接受的总体规划。

二、河道整治规划的内容

河道整治规划应该包括整条河流或某个较长河段的河势控导规划和一些重点部位的局部整治工程规划。具体内容包括以下几个方面。

（一）分析河道特性

分析河流的地质、地理地貌和水文泥沙等影响河床演变的各种因素，综合研究它们之间的联系，找出河道发展趋势、演变规律及影响本河段河势的关键因素。对于河道上已建有调水调沙工程、河道整治工程、支流汇入等造成输水输沙情况的改变，必须引起足够的重视，在分析中应予以详尽的研究。对于河道特性分析所采用的分析方法，应根据河段的重要程度和实际情况具体选用，以期得到正确的河势、河道发展规律。

（二）确定河道整治方案

根据河道整治规划及其整治原则和整治目的，确定所采用的工程措施和有关的设计参数。河道整治方案包括指定河流或河段的整治程序、整治工程的整体布置、局部整治建筑物的结构型式，并根据所采取的工程措施预估河流可能产生的反应，据此修改整治设计方案以达到满足各方面对整治要求及与自然的协调。编制河道整治设计方案报告和整治工程的投资概预算报告。

三、造床流量与河相关系

河床处于不变形的输沙平衡状态是相对的。这种相对不变的平衡状态虽然不是一成不变的，但就来水来沙条件和地质条件而言，它是一种具有代表性的、稳定的形态，也是冲积河流河道整治的依据。

（一）造床流量

来水来沙的大小及其过程直接影响河床的演变。对于相对平衡的河流，可以用某一恒定流量来代替它的变化过程，这个特征流量称为造床流量，在该流量的作用下所塑造的河床与天然造床过程的结果完全一样或相当，即造床作用相当于多年流量过程的综合造床作用的流量为造床流量。在自然条件下，河道枯水期的流量作用时间长，但流量小，故造床作用小；洪水期的流量大，造床作用也大，但时间短，且洪水漫滩后，水流分散，造床作用降低；当水位达到平滩水位时，流量大而集中，且平滩流量出现的几率大，所以综合造床作用是最大的。因此，一般把水位与河漫滩滩面齐平时所对应的流量作为造床流量，这种方法称为平滩流量法。由于造床流量在河道整治工程设计中是一个重要参数，往往需要通过多种方法综合分析确定。

（二）河相关系

能够自由发展的冲积平原河流的河床，在水流的长期作用下，有可能形成与所在河段具体条件相适应的某种平衡形态，表示河道形态（即河床形态的因素：河宽、水深、比降等）和来水来沙条件（即水力泥沙的因素：流量、含沙量、粒径等）、河床地质条件的特征物理量之间存在函数关系，这种关系称为河相关系。

在工程中，常常只考虑造床流量下的形态，目的是利用这些较稳定的形态关系去整治河道，使整治后的河道能够相对稳定。河相关系是河道整治的主要依据。

河道水面宽度与水深之间的关系称为横断面河相关系。把河流纵剖面沿程的变化规律称为纵向河相关系。天然河湾在水流与河床的长期作用下，所具有的平面形态特征称为平面河相关系。

（三）河床稳定性

河床稳定与否取决于水流对组成河床的泥沙的作用情况。如果水流较急，床沙较细，河床则不稳定；反之，河床则较稳定。

水流对河床泥沙的拖曳力与床面泥沙抵抗运动的摩阻力之间的相互作用决定着河床的纵向稳定性。河床的横向稳定性取决于河流主流的走向和岸壁土壤抗冲能力的大小。如果将河床的纵向、横向稳定性综合考虑来确定河床的稳定程度,则称为综合稳定性。

四、河道整治规划设计主要参数

河道整治规划设计的主要参数有设计水位及设计流量、设计河宽和治导线。

(一)设计水位及设计流量

在河道整治规划中,相应于不同整治河槽对应有不同的设计水位和设计流量。

1. 枯水河槽的设计水位及设计流量

枯水河槽的治理,主要是保证枯水期的航运和取水所需的水深和流量。枯水河槽的整治一般限于过渡段即浅滩的整治。浅滩常造成航深不足,而且可能由于滩地的崩塌引起引水口脱溜。一般确定这一河槽整治相应的设计水位、设计流量的方法有:

(1)由长系列日平均水位的某一水位的保证率来确定,保证率一般采用90%~95%。

(2)采用多年平均枯水位或历年最枯水位作为枯水河槽的设计水位,其相应的流量为枯水设计流量。

2. 中水河槽的设计水位及设计流量

中水河槽是在造床流量作用下形成的,因此设计流量即为造床流量,相应于造床流量下的水位即为中水河槽的设计水位。在此流量下的造床作用是最大的,它与河床演变、河势的发展及河道的整治关系都很密切。

3. 洪水河槽的设计水位和设计流量

洪水河槽主要是从宣泄洪水的角度来考虑的,设计流量根据某一频率的洪峰流量来确定,其频率的大小根据保护区的重要程度而定。相应于设计流量下的水位即为洪水河槽的设计水位。

(二)设计河宽

天然河道的横断面是在水流与河床的相互作用下形成的,存在着一定的河相关系。在河道整治过程中,通过治导线控制横断面尺寸,而控制的横断面尺寸,往往只限于河宽。设计河宽是河道整治后相应于特征水位下的水面宽。

1. 枯水河槽设计河宽

枯水河槽设计河宽是为满足航运要求,一般只限于过渡段即浅滩的设计。采取浅滩疏浚工程挖出碍航部分的泥沙、河岸突嘴与石嘴,保持和增加航宽和航深。所需的航宽和航深按航运部门的要求而定。

2. 中水河槽设计河宽

中水河槽主要是在造床作用下形成的,其设计河宽是河道整治后与设计流量(造床流量)相应的直河段宽度,也叫整治河宽。一般通过实测资料分析得出的经验公式确定。

3. 洪水河槽设计河宽

洪水河道横断面尺寸主要从能宣泄洪水的角度来考虑。由于洪水经过时,水流漫滩,造床作用不显著,洪水河床的宽度与深度之间无显著的河相关系。洪水河槽的设计河宽取决于设计洪水流量和堤防之间的距离。

（三）治导线

1. 治导线

治导线又名整治线，是河道经过整治后，在设计流量下的平面轮廓，也是整治工程体系临河面的边界连线。治导线一般用两条平行线表示，它给出了流路的大体平面位置，而不是某河段固定的水边线。治导线是布置河道整治建筑物的依据。

相应于不同的设计流量，有不同的治导线。对应于设计枯水、中水、洪水流量，有枯水、中水、洪水治导线。其中，中水治导线在河道整治中具有重要的意义，它是与造床流量相对应的经过整治后的河槽的治导线，它反映了中水流路。如果控制了中水河槽及这一时期的水流，则一般就能控制整个河势的发展，稳定河道。

2. 治导线规划设计

治导线的型式是从河道演变分析中得出的，一般为圆滑的曲线，曲率半径是逐渐变化的，曲线和曲线之间连以适当的过渡直线段。曲线型式有单一圆弧形、双圆弧形和三圆弧相切而成的复合圆弧形。

治导线主要设计参数包括设计流量（造床流量）、设计水位（设计流量下当年当地水位）、设计河宽（整治河宽）、排洪河槽宽度（排洪河宽）及河湾要素。河湾要素包括弯曲半径 R、中心角 φ、过渡段长度 L、河湾跨度 L_m 及摆幅 T_m，可根据有关经验公式确定。一般治导线河湾形态见图 3-9。

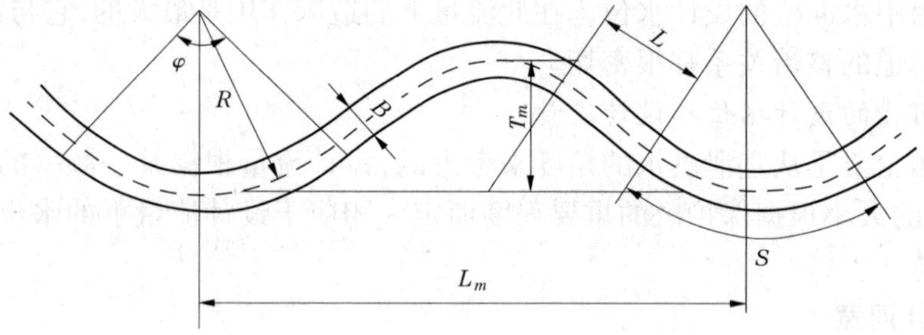

图 3-9　一般治导线河湾形态

治导线拟定是一项相当复杂的工作。首先，要清楚河势变化、弯道之间的关系，根据设计河宽、河湾要素之间的关系并结合丰富的治河经验，在充分了解河段两岸国民经济各部门对河道整治的要求的基础上，由整治河段进口至河段末端绘出治导线；其次，检查、分析各弯道形态、上下弯道之间关系、控导河势的能力，已建工程利用程度以及对国民经济各部门照顾程度等，论证拟定治导线的合理性；最后，随时间推移，考虑河势的变化及国民经济各部门要求的变化，几年后还要对治导线进行调整。一个切实可行的治导线往往需要若干次调整后才能确定，甚至需要模型试验进行验证。

第四节　河道整治建筑物

要实现河道整治的目的，需要采取工程措施，即在河道上修建工程建筑物。凡是以河道整治为目的所修建的建筑物，称为河道整治建筑物，简称整治建筑物或河工建筑物。

一、整治建筑物材料

常用的整治建筑物材料有竹、木、苇、梢等轻型材料，土、石、金属、混凝土等重型材料。金属包括铅丝笼、钢丝网罩等。除金属、混凝土中的水泥外，其他材料可在当地获取，并且应优先选择当地材料。上述的各种建筑材料，有的可以直接用来修筑整治建筑物，有些是用来制成修建整治建筑物的构件。

(一)传统材料

(1)梢龙。由梢、秸、苇和毛竹等材料用铅丝捆扎而成。细长者称为梢龙，短粗者称为梢捆。梢龙主要用于扎制沉排和沉枕，梢捆用于做坝和护底。

(2)沉枕。用梢料层或苇料层作外壳，内填块石和淤泥，束扎成圆形枕状物，用于护脚、堵口和截流等。

(3)杩杈。是用三根或四根直径 12～20 cm、长 2.0～6.0 m 的木头扎成三足架或四足架(每两足之间用撑木固定)，用于河床组成较粗的河流上修建多种建筑物的构件。著名的都江堰工程用其修建了不透水的临时拦水坝和导水坝。

(4)石笼。用铅丝、木条、竹篾和荆条等材料制成各种网格的笼状物，内填块石、砾石。多用于护脚、修坝、堵口和截流。

(5)沉排。沉排又叫柴排、沉褥，是用梢料制成的大面积排状物，用块石压沉于近岸河床之上，来保护河床、岸坡免受水流淘刷。沉排护脚的优点是整体性好和柔韧性强，能适应河床变形，且坚固耐用，具有较长的使用寿命。

(6)编篱。在河底上打木桩，用柳枝、柳把或苇把在木桩上编篱。如果为双排或多排编篱，篱间可填散柳、泥土或石料，缓流落淤效果好。

(二)土工合成材料

近年来，新材料不断被用于河道整治建筑物中。作为崭新的土工建筑材料——土工合成材料应用的历时虽短，发展却极为迅速。土工合成材料主要有土工织物、土工膜、土工格栅、土工格室和土工模袋等。

(1)土工织物。它也叫土工布，是一种透水材料，分为织造(机织)型土工织物和非织造型土工织物。织造型土工织物又称有纺土工织物，采用机器编制工艺制造而成。非织造型土工织物又称无纺土工织物，通过黏合工艺加工而成，具有强度高、耐腐蚀、无方向性、渗透性强等特点。

(2)土工膜。它是一种人工合成材料。它系聚乙烯或聚氯乙烯、聚丙烯等高分子材料，加入增塑剂、防老化剂及其他填充材料，经喷塑或压延形成，是坝、闸理想的防渗材料。

(3)土工格栅。它是经冲孔、拉伸而成的带长方形孔或方形孔的板材。其强度高而延伸率低，因此是加筋的好材料。

(4)土工格室。它是由强化的高密度聚乙烯宽带，每隔一定间距以强力焊接而形成的网状格室结构。格室张开后，可填以土料。用于软弱地基、沙漠固沙和护坡等。

(5)土工模袋。它是由上下两层土工织物制成的大面积连续带状材料，袋内充填混凝土或水泥砂浆，凝固后形成整体板，可用于护坡。

在河道整治中使用土工合成材料时，要了解它们的抗拉强度、顶刺破强度、孔隙率、渗透特性及耐久性等性能指标，使土工合成新材料在河道整治中发挥更大的作用。

二、整治建筑物的分类

按照建筑材料和使用年限，其可分为轻型(临时型)和重型(永久型)整治建筑物。轻型(临时型)整治建筑物是由轻型材料(竹、木、苇、梢等)修建的，抗冲和抗朽能力差，使用年限短。重型整治建筑物是由重型材料(土、石、金属、混凝土等)修建的，抗冲和抗朽能力强，使用年限长。新型材料修建的河道整治建筑物多采用土工织物(又称无纺布)修建，其抗冲、抗朽能力和使用年限介于轻型和重型建筑物之间。选择整治建筑物的类型应根据整治建筑物的使用寿命，所处位置的水流、泥沙、气候和环境条件，材料来源，施工条件、施工技术和施工期等情况来决定。

按照整治建筑物的作用，其可分为护坡建筑物、护底建筑物、环流建筑物、透水建筑物和不透水建筑物。直接在河岸、堤岸、库岸的坡面、坡脚和整治建筑物的基础上用抗冲材料做成连续的覆盖保护层，用以防御水流冲刷的一种单纯防御性工程建筑物称为护坡、护底建筑物。用人工的方式激起环流来调整水、沙的运动方向以达到整治目的而修建的建筑物叫做环流建筑物。透水建筑物是指本身透水的整治建筑物；不透水建筑物是指本身不允许水流通过的整治建筑物。这两种建筑物对水流都起导流和挑流的作用，但透水建筑物还有缓流落淤的作用，只是挑流、导流作用比不透水建筑物弱一些。选择时应根据当地的建筑材料和整治目的确定整治建筑物的类型。

按照整治建筑物与水位的关系，其可分为淹没整治建筑物和非淹没整治建筑物。淹没整治建筑物是指在一定水位下可能遭受淹没的建筑物；在各种水位下都不会被淹没的整治建筑物，则称为非淹没整治建筑物。

按照建筑物的外形(作用)，将整治建筑物分为坝、垛(矶头)类和平顺护岸类。由于它们的形状不同，因此所起的作用也不同。一般枯水整治常用丁坝、顺坝、锁坝、潜坝；中水整治常用丁坝、垛(矶头)、顺坝等坝类整治建筑物。护岸类工程在中水河槽、洪水河槽整治中都适用。

三、丁坝、垛

(一)丁坝的分类

丁坝是河道整治建筑物中最常用的一种，是一端与河岸相连、另一端伸向河槽的坝形建筑物，在平面上与河岸连接成丁字形。丁坝可以束窄河床，调整水流，保护河岸，即具有挑流、导流的作用，故又名挑水坝。

丁坝按修建的材料不同分为透水丁坝和不透水丁坝。用不透水材料修建的实体丁坝，其主要作用是挑流和导流，而用透水材料修建的透水丁坝还具有缓流落淤的作用。

按丁坝坝顶高程与水位的关系分为淹没式丁坝和非淹没式丁坝。淹没式丁坝经常处于水下，坝身与河漫滩相连，坝顶高程一般与滩唇齐平，常用于枯水整治。非淹没式丁坝用于中水的整治，其坝顶高程有的高出设计洪水位而略低于堤顶，有的略高于滩面，一般不被洪水淹没，即使被淹没，历时也很短。

根据丁坝对水流的影响程度分为长丁坝和短丁坝。长丁坝坝身较长，不仅能护坡、护岸，还能束窄河床，将主流挑向对岸。短丁坝由于坝身较短，只能局部将水流挑离岸边，迎托水流外移，起护岸、护坡作用。

按照丁坝结构型式分为抛石丁坝、沉排丁坝和土心抛石丁坝。具体介绍见后“丁坝的剖面结构”。

丁坝在平面上呈丁字形，按照丁坝坝轴线与水流方向交角 θ 的大小分为：上挑丁坝 $\theta > 90°$，正挑丁坝 $\theta = 90°$，下挑丁坝 $\theta < 90°$。丁坝轴线与水流的夹角不同，对水流的结构影响不同。对于非淹没式丁坝，当水流绕过丁坝时，上挑丁坝坝头水流流态紊乱，对河床的局部冲刷较强；下挑丁坝则坝头水流平顺，对河床的冲刷较弱。对于淹没式丁坝，当水流漫过上挑丁坝时，在坝后形成沿坝身方向指向河岸的平轴螺旋流，将泥沙带向河岸，在靠近岸边附近发生淤积；而水流漫过下挑丁坝时，在坝后形成的水平轴螺旋流方向沿坝身指向河心，将泥沙带向河心，从而使坝后产生冲刷。因此，非淹没式丁坝以选择下挑丁坝，淹没式丁坝选择上挑丁坝较适宜。

（二）丁坝、垛的平面型式

丁坝平面由坝头、坝身和坝根三部分组成，如图 3-10 所示。坝与堤或滩岸连接部分为坝根，坝头是丁坝深入河中前头部分，由上跨角、坝前头和下跨角组成，坝身是坝根与坝头之间的部分，平面形状常采用两条平行线组成的直线形。

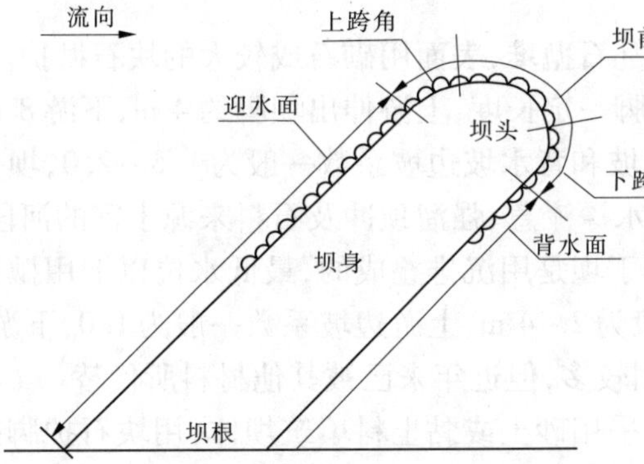

图 3-10　丁坝平面组成

丁坝平面型式主要取决于坝头型式，坝头平面型式对流势控制能力、坝身的安全及工程的投资都有影响，研究坝头的平面型式在生产上意义重大。由于历史原因和条件的控制，坝头形态各异，差别较大。目前，采用的坝头型式有圆头形、拐头形、流线形、斜线形和椭圆弧形，见图 3-11。

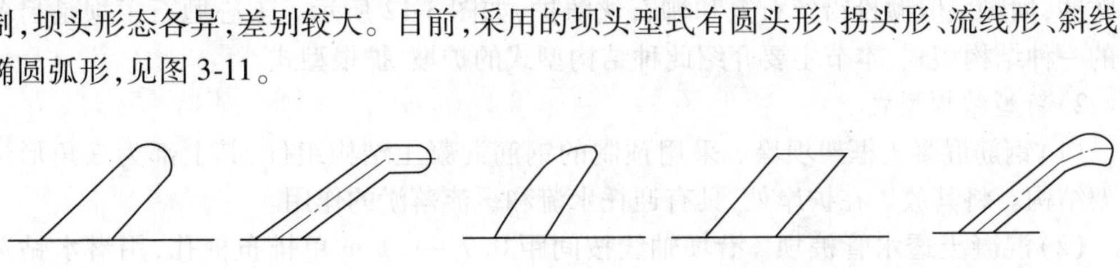

图 3-11　丁坝平面型式

圆头形丁坝坝头为半圆,圆的半径为1/2 坝顶宽度,能较好的适应各种来流方向,且施工简单,但控制流势的能力差,坝下回流大,多用于工程的上段以适应来流方向;拐头形丁坝坝头有一折向下游的拐头段,迎流条件好,坝下回流小,但坝上游回流大,多用于工程的中下段;流线形丁坝坝头为一条光滑拟合曲线,迎流、送流条件好,坝下回流小,工程耗资少,但施工复杂,坝顶宽度小,抢险后易变形;斜线形坝头由于迎流、送流条件较上述两种差,且易出险,虽施工简单,但已较少使用;椭圆弧形丁坝是一种新型的坝形,坝头有两段椭圆曲线和一段圆弧拟合而成,迎流、导流、送流条件好,易加高,但施工放样复杂,多用于工程下段以增加送流能力。

垛是短的丁坝,轴线长度一般为10~20 m,导流作用较弱而护岸作用较强,也称为矶头、堆等。垛对来流方向适应广,对水流干扰小,具有消减河势迎托水流的作用,常建在工程的上段。垛的平面型式较多,有抛物线形、鱼鳞形、月牙形等。

(三)丁坝的剖面结构

丁坝的剖面是由坝体、护坡和护根三部分组成的。坝体一般用土筑成,在外围用抗冲材料加以裹护,称为护坡。为防止河床冲刷、维护坝体稳定而在护坡下修筑的基础工程称为护根。丁坝的剖面结构型式不同,其坝体、护坡和护根型式也不同。

1. 丁坝剖面结构型式

1)传统的结构型式

(1)抛石丁坝。采用乱石抛堆,表面用砌石或较大的块石抛护。在细砂河床上需用沉排护底,其范围应伸出坝脚一定长度,上游伸出坝脚约4 m,下游8 m,坝头部分12 m。顶宽一般为1.5~2 m,迎水坡和背水坡边坡系数一般为1.5~2.0,坝头部分可放缓为3~5。抛石丁坝较坚固,适用于水深流急、强溜顶冲及石料来源丰富的河段。

(2)沉排丁坝。这种丁坝是用沉排叠成的,最低水位以上用抛石覆盖,坝根部位要进行衔接处理。坝顶宽一般为2~4 m,上游边坡系数一般为1.0,下游为1.0~1.5。这种结构以往在欧美和我国采用较多,但近年来已被其他材料所代替。

(3)土心抛石丁坝。采用砂土或黏土料填筑坝体,用块石护脚护坡,沉排护底。不同河段、不同河型、不同作用的丁坝,坝顶宽度不一,有顶宽3~5 m,也有顶宽10~15 m,用于堆放材料。如为淹没式,尚需护顶。上下游不裹护的土坝坝基边坡系数一般为2~3,坝头的边坡系数大于3。丁坝根部与河岸的衔接长度为顶宽的6~8倍,其上下游均须护岸防冲,坝脚一般抛投铅丝石笼和柳石枕防护,如图3-12所示。土心抛石丁坝是目前常用的一种结构型式,本节主要介绍此种结构型式的护坡、护根型式。

2)新型结构型式

(1)钢筋混凝土框架坝垛。采用预制的钢筋混凝土结构组件,其上部为三角形透水框架结构。将其放置在护岸处,具有迎托水流和缓流落淤的作用。

(2)混凝土透水管桩坝。沿坝轴线按间距0.7~1.1 m单排布桩孔,用潜水钻造深16~20 m的孔,然后将长4~10 m、外径0.5~0.55 m的空心钢筋混凝土管用法兰盘、硫磺胶泥或焊接方法依次连接沉入孔内成桩,形成以桩间空隙0.2~0.5 m的透水坝。透水管桩坝起缓流落淤的作用,其在黄河下游的花园口险工应用中取得了可喜的成果。

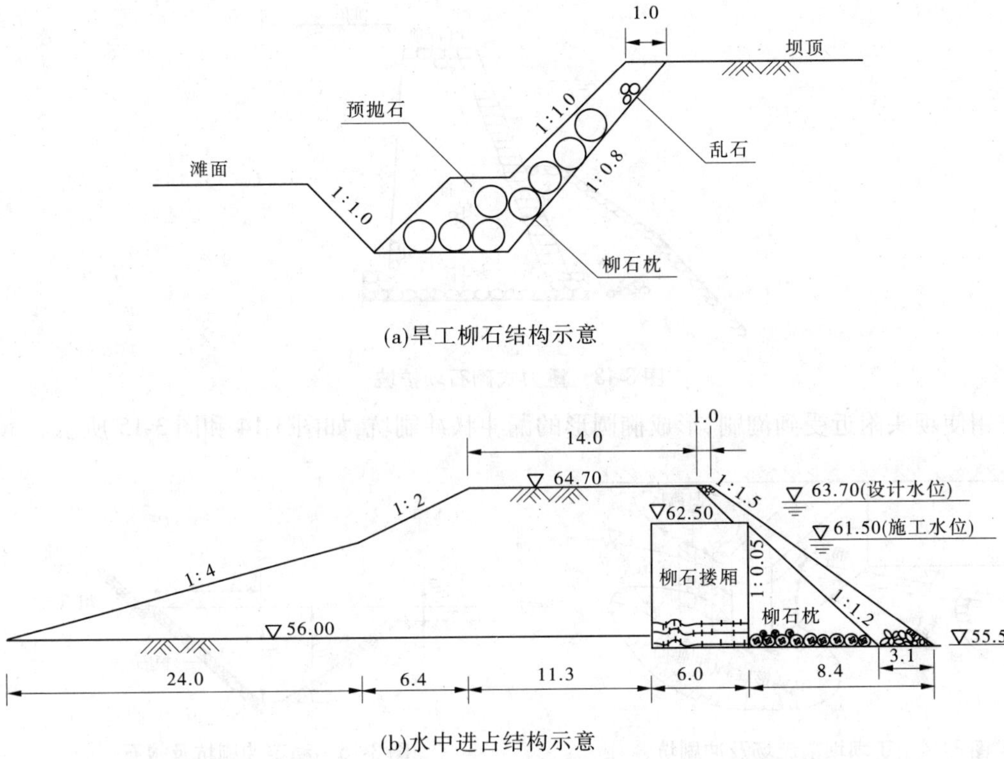

图 3-12　土心抛石丁坝剖面结构型式　(单位:m)

2. 丁坝护坡

1)散抛块石护坡

散抛块石护坡是在已修好的坝体外,按设计断面散抛块石而成。这种护坡坡度缓,坝坡稳定性好,能较好地适应基础的变形,施工简单,险情易于暴露,便于抢护。但坝面粗糙,需要经常维修加固。

2)砌(扣)石护坡

砌(扣)石护坡是用石料在坡面上按垂直坡面方向砌筑或扣筑而成。这种护坡坡度较缓,抗冲能力强,坝体稳定性好,用料较少,水流阻力小。但对基础的要求高,一旦出险,抢护困难,因此新坝必须在散抛块石护坡经过几年沉蛰及抛石整修,且基础稳定后,才能改做砌(扣)石护坡。

3)重力式砌石坝护坡

重力式砌石坝护坡是用石料垒砌成实体挡土墙,在其后密填腹石而成。它凭借自重来承受坝体的土压力和抵抗水流的冲刷。重力式砌石坝坝坡陡,易于抛石护根;表面平整,砌筑严密,整齐美观。但坝体大,用料多,对基础承载力要求高,见图 3-13。

3. 丁坝、垛的护根

护根是为了防止河床冲刷,维持护坡的稳定而在护坡下修筑的基础工程,亦称根石。一般用抗冲性强、能够较好的适应基础变形的材料来修筑。在修建坝、垛之后,局部水流条件被改变,坝、垛迎水面一侧形成壅水,在其头部产生折向河床的下冲水流,其与环流共

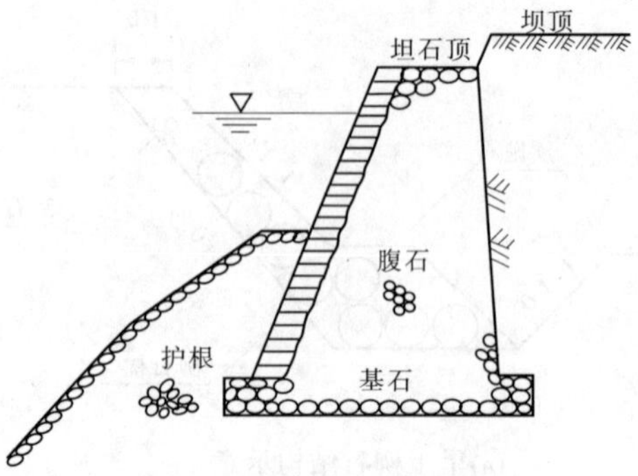

图 3-13　重力式砌石坝护坡

同作用使坝头附近受到淘刷,形成椭圆形的漏斗状冲刷坑,如图 3-14 和图 3-15 所示。

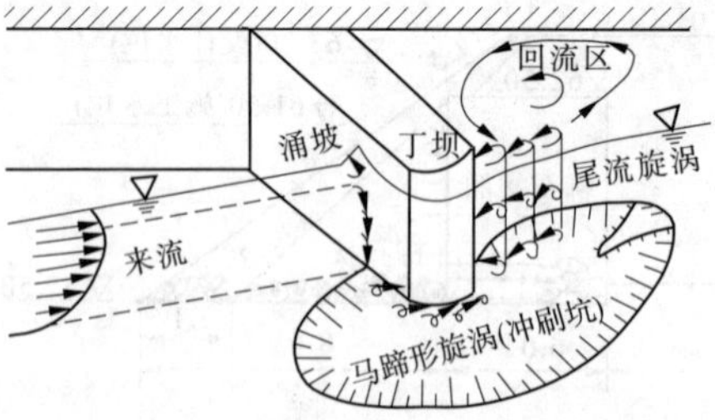

图 3-14　丁坝坝前流场及冲刷坑

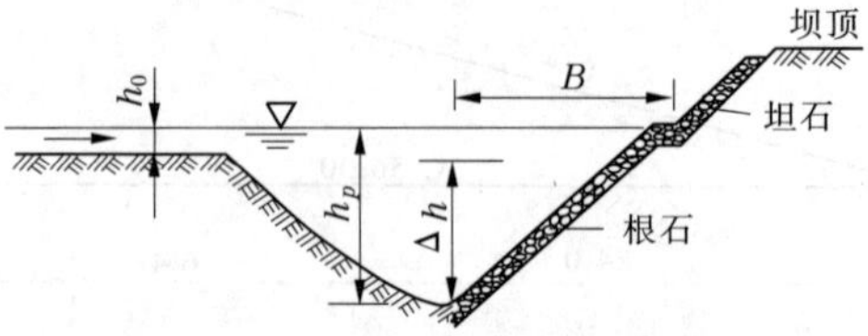

图 3-15　稳定冲刷坑及根石

如果冲刷坑不能及时填充、稳固,将导致建筑物破坏。同时,传统的坝、垛的根基是随着水流不断淘刷而逐步加固的,并非在施工阶段即能完成。因此,正确估计冲刷坑可能达到的深度和范围,是确定坝头的防护措施和基础的防护范围的依据。

影响冲刷坑大小、深浅的因素很多,主要有:单宽流量、来流方向与坝轴线的夹角、坝长、坝型、坝面坡度、河床组成以及水流含沙量等。单宽流量大,冲刷严重;来流方向与坝轴线的夹角大,则壅水高度大,冲刷愈强烈;坝愈长,挑流愈重,冲刷愈强烈;坝头边坡愈陡,折向河底的下冲水流的冲刷力愈大。由于影响因素的复杂性,目前还没有可靠的确定冲刷坑的计算公式。当河床组成较细时,国内多采用苏联安德列夫从能量损失角度得出的计算公式,即

$$\Delta h = \frac{2.8U^2}{\sqrt{1 + m^2}}\sin^2\alpha \tag{3-1}$$

冲刷坑处水深

$$h_p = h_0 + \Delta h \tag{3-2}$$

式中　Δh——冲刷坑深度,m;

h_p——坝头冲刷坑的水深,m;

h_0——行近冲刷坑的水深,m;

U——坝头处的行近流速,m/s;

α——来流方向与坝轴线间夹角,(°);

m——坝头的边坡系数。

坝前护根范围 B 可按下式计算

$$B = (h_0 + \Delta h)m_0 \tag{3-3}$$

式中 m_0——河床水下土壤的边坡稳定系数。

为了保证坝垛安全,通常采用的措施是及时向冲刷坑内抛投块石、铅丝笼、柳枕等,将冲刷坑稳定保护起来;或在坝垛施工期采用土工织物做成软体排覆盖在土基附近的河床上进行保护,这些措施称为护根。

1)柳石护根

这是传统的护根措施,采用材料为柳枕、块石等。坝垛的根基在施工阶段不可能一次完成,随着冲刷坑的加深扩大,经过多次抢护,抛枕、抛石,逐步形成稳定的护根。

2)充沙土工织物软体排护根

土工织物是一种新型的材料,其强度高,柔性好,耐久性好,价格低廉。软体排具有较好的适应变形的能力,能够如影随形地贴附在河床上,使丁坝基础免受水流冲刷,且可一次性做成,是实现新修丁坝少抢险的新型工程措施。图3-16为充沙软体排在平面上的布置。

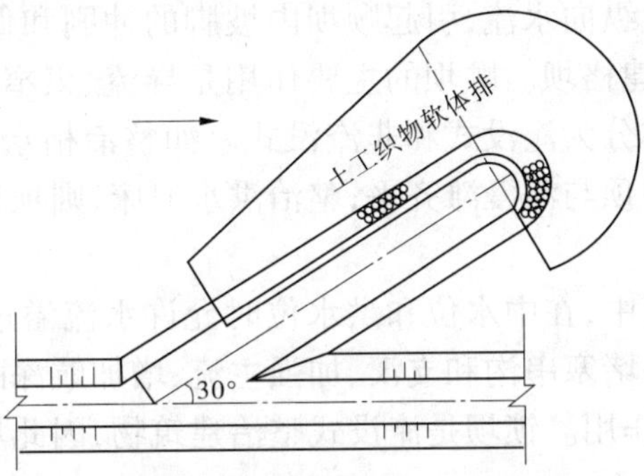

图3-16 充沙软体排平面布置

尽管土工织物有其突出的优点,但本身在空气中抗老化的性能比较差,因此充沙土工织物软体排应采取适当的措施进行保护,如采用坦石裹护或采用水土覆盖等,使软体排免于暴露在空气中。

3)塑料编织袋护根

塑料编制袋护根是用塑料编织袋装土覆盖于坝前进行水下护根的。它替代了石料,有一定的柔性和适应局部变形的能力,具有较好的应用前景。

4)化纤编织袋沉排护根

将1∶10水泥土装于长化纤编织袋内,袋与袋之间用化纤绳编网连成一体,做成沉排坝。沉排坝的护根抗冲作用非常明显。

5)长管袋构筑沉排坝

用土工织物做成长为60~140 m的长管袋,内填充泥浆,由坝基坡脚生根,垂直铺向河中,管袋下铺一层反滤布。若干个长管袋联结成排体,在水下具有比较好的护根防冲作用。

6)网罩护根

网罩护根是防止根石被水流冲走的护根技术。在铺设好根石的坝坡上,铺设铅丝网罩。网罩护根技术整体性强，适应变形能力强，防根石走失效果好，对有根石基础的加固效果显著。其剖面见图3-17。

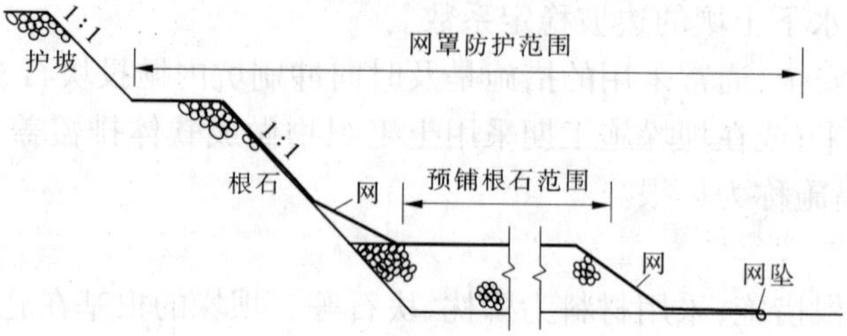

图3-17　网罩护根剖面图

四、其他整治建筑物

（一）顺坝

顺坝坝身方向与水流平行，上游坝根与河岸相连，下游坝头与河岸相连或留有缺口。为防止顺坝与河岸间产生纵向水流，引起顺坝内坡脚的冲刷和促进顺坝与河岸之间的淤积，常在顺坝与河岸间修建格坝。顺坝的主要作用是导流、束窄河床和护岸，有时也可作控导工程的联坝。顺坝亦分为淹没式和非淹没式。如整治枯水河床，则坝顶高程略高于枯水位；整治中水河床，坝顶与河漫滩齐平；整治洪水河床，则坝顶高于洪水位。

（二）锁坝

锁坝是一种横亘于河中，在中水位和洪水位时允许水流溢过的坝。锁坝的主要作用是调整河床，堵塞支汊，是堵塞串沟和支汊、加强主流、增加航深的常用整治工程。在枯水期，锁坝具有塞支强干的作用。锁坝是淹没式整治建筑物，因此坝顶应用石料或草皮等材料修筑，以防止冲刷。

（三）潜坝

坝顶高程在枯水位以下的丁坝、锁坝均称为潜坝。一般潜坝建在局部冲刷严重的深潭处，用以增加河床的糙率，缓流落淤、平顺水流。潜丁坝具有保护河底、保护顺坝的外坡脚及丁坝的坝头免受冲刷破坏的作用。在河床较低的河道凹岸，丁坝和顺坝的下面做出一段潜丁坝，可以调整水深和深泓线，见图3-18。

1—原深泓线；2—调整后深泓线

图3-18　与顺坝相连调整深泓线的潜丁坝

（四）黄河埽工

埽工是我国黄河两岸的劳动人民在治理河流的过程中实践经验的结晶。埽工是以土、石、秸、苇和柳枝等材料，以桩绳为联系的一种河工建筑物。它用来抗御水流的冲刷，防止堤岸坍塌，还可以用来堵覆溃决的堤岸。

黄河埽工的组成特点是：土为肉、料为皮、桩是骨头、绳为筋。埽工所用的材料如梢秸料，本身具有弹性，修成的整体埽工具有较好的柔韧性能和适应不均匀变形的能力，比块石、混凝土等材料更能缓和大溜的冲刷，阻塞水流，适应冲淤河流的动床特点。同时，埽体糙率较大，可以减缓水流的纵向流速，用于堵决，比石料闭气效果更好。因此，在防汛抢险、截流堵口以及临时性河道整治工程中至今仍被广泛应用。

第五节 险工及控导工程

堤防工程是河道防洪的主要屏障,其分为平工段和险工段。平工段指大堤临河有较宽滩地,只有洪水漫滩偎堤时才临水的堤段。险工段则是指经常临水、靠溜的堤段。修筑在险工段用于挑送水流,控制溜势,约束主流,避免淘刷堤岸,防止大堤冲决的丁坝、垛等护岸工程称为险工。险工是堤防防洪的前沿阵地、防洪的保障,又是控导水流的重要措施。然而,“滩存则堤固,滩失则堤险”。滩地是堤防的前沿阵地,为保护滩地,约束主流,控制河势,引导主流沿设计的治导线下泄,常在堤防前有滩地的河段,沿工程位置线凹岸的滩坎上修建丁坝、垛等建筑物,这些工程被称为护滩控导工程。护滩控导工程主要用于控制河势、引导水流、保护滩地等,一般多用于弯曲型河段和游荡型河段。险工和控导工程如图 3-19 所示。险工和控导工程的作用、规划设计方法及布设建筑物类型相同,下面主要讲控导工程规划设计。

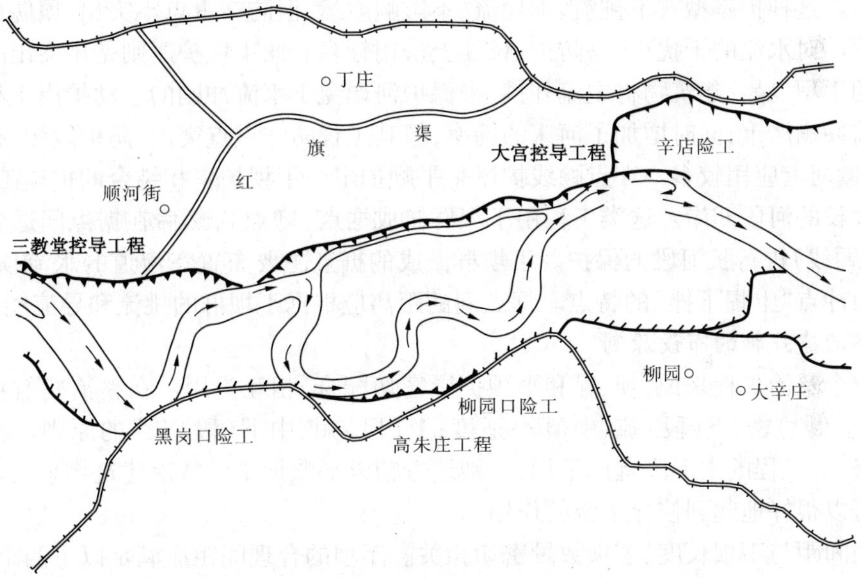

图 3-19 险工和控导工程

一、控导工程规划设计

(一)河势分析、治导线确定

控导工程是护岸护滩、控弯导流的河道整治工程。控导工程是依据河道治导线进行布置的,而治导线是根据河床的演变分析得出的河势发展变化规律确定的。因此,研究和分析河势的变化规律,按照因势利导的原则,利用已有整治工程和天然节点,充分考虑各方面的要求,合理确定治导线是控导工程设计的重要一步。根据河势的发展规律沿治导线在河湾的凹岸修筑控导工程,达到“以坝垛护弯,以弯导流,弯弯相接相送”的整治要求,从而实现中水整治、洪枯兼顾、控导河势的整治目的。

（二）工程位置线的确定

工程位置线是整治建筑物头部的连线，它是根据治导线而确定的一条复合圆弧线，呈凹入型布局，工程位置线在平面上按照“上平、下缓、中间陡”的原则布置，以适应洪水、中水、枯水“上提下挫”、“内靠外移”的特点。确定工程位置线时，在研究河势变化的基础上，确定靠流部位和可能“上提下挫”的范围，结合整治线，确定工程布设范围，然后分段确定工程位置线。工程位置线的上段曲率半径应尽量大些，以利于引导水流进入弯道，防止水流抄工程后路，必要时甚至可以采用直线；中段曲率半径应小些，调整水流并送至工程下段；下段的曲率半径应比中段略大，比上段略小，以利于送流出弯。

（三）整治建筑物平面布置

1. 整治建筑物类型

整治建筑物主要有坝、垛和护岸。丁坝、垛的分类已在第四节中介绍，现就护岸的型式加以介绍。

护岸控导工程主要有三种型式：平顺护岸、丁坝护岸和守点顾线护岸。平顺护岸是用抗冲材料直接覆盖在堤防、河岸的坡面上的，具有保护岸坡、抵御水流冲刷、将水流顺势送走的作用。这种护岸型式不挑流、不导流、不影响航运，但防守重点不突出，属防御性被动护岸工程。对水流的干扰小，易防护，长江上采用较多。而丁坝护岸则是用突出于河岸的或河岸的丁坝、垛等建筑物将主流外挑，来保护河岸免于水流冲刷的主动护岸工程。丁坝护岸坝前冲刷严重，同时增加了河床的糙率，但其工程防守重点突出，防护线短，挑流护岸作用好，黄河上应用较多。守点顾线护岸是平顺护岸与丁坝护岸相结合的护岸工程，常用于坍塌较长的河段凹岸。这类工程用丁坝群做成据点（守点），然后在据点间适当布置平顺护岸（顾线）进行长河段的保护。丁坝群做成的据点主要布置在河道的水流顶冲点处，并考虑顶冲点“上提下挫”的特点。据点间的距离应根据丁坝群的挑流和导流能力而定。

2. 整治建筑物的布设原则

对一个整治工程来说，坝、垛和平顺护岸密切配合，相互为用。在整治建筑物布设上应掌握“上（段）密、下（段）疏、中（段）适度；上（段）短、中下（段）长”的原则。在工程的上段宜修垛，工程的中下段宜修丁坝，个别地方辅以平顺护岸。整治建筑物采用这样的布设型式可以很好地起到控导水流的作用。

丁坝间距与丁坝长度、丁坝数量密切相关。丁坝的合理间距应满足以下两个条件：首先，绕过上一个丁坝的水流扩散后，其边界大致达到下一个丁坝的有效长度的末端；其次，下一个丁坝的壅水应刚好达到上一个丁坝，保证丁坝之间不发生冲刷，丁坝长度与坝间距近似1∶1关系。丁坝轴线与工程位置线的夹角为坝的方位角，一般为30°～60°。整治建筑物的平面布置如图3-20所示。

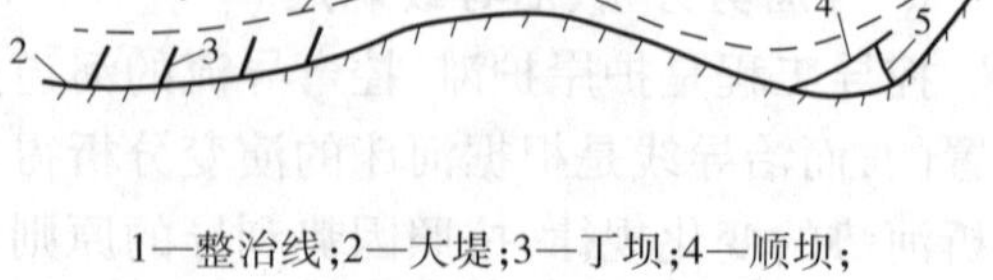

1—整治线；2—大堤；3—丁坝；4—顺坝；5—格坝；6—柳石枕；7—活柳坝

图3-20　多种坝型联合布置

控导工程规划设计还要确定坝、垛高程及剖面结构型式、尺寸，这里不再详细介绍。

二、丁坝类整治建筑物施工特点

整治建筑物的施工不同于一般水利工程的施工。水利工程的施工一般是先修基础工程，后建上部结构。而整治工程则是先修上部工程，随着工程的应用，冲刷坑形成后再逐步加固基础。因此，首先按设计要求修建土石方工程，随着工程的应用，河床变形的发展，经过多次施工性抢险、抛石固基，使坝体逐步稳定；然后对已稳定的坝体进行整修，使坝体更趋完善。

（一）坝体、裹护体施工

1. 土坝基的施工

土坝基在岸地上修筑时，距河较远，施工方法同土方工程。需水中进占施工时，可采用柳石搂厢或深水桩柳进占。

2. 裹护体的施工

将可能被水淘刷的坝头和坝身，用抗冲材料加以保护的近水部位称为裹护体。坝体远离河岸，有靠河可能时，提前裹护为旱地施工。施工时，按设计的裹护尺寸在坝脚处挖槽填入抗冲材料；水工施工是指坝体在靠水情况下抢修裹护工程。一般可直接抛枕、抛石或抛铅丝石笼；水中进占施工裹护体时，采取抛枕、抛石及固脚防冲与土坝基施工同时进行的方法。

（二）抛石护脚施工

为维护坝体安全，消除坝体修建后阻水作用产生折冲水流对坝基淘刷的危险，需在坝根处抛石固根。抛根石可以从坝顶抛石靠自重入水；也可以用船运石料至坝根处。一般重要的部位和水急溜紧处，可抛大块石或铅丝笼护脚。

1. 抛石的范围、尺寸和抛石量

在横断面上抛石的范围一般为上端自枯水位水边开始，下段则要根据整治河床地形而定。如深泓逼近河岸，应达到深泓；如深泓远离河岸，应抛至河底坡度为1∶3～1∶4处。抛石护脚的型式见图3-21。在接坡段枯水位处应加抛2～3 m的平台。同时，应加抛备填石料，用来防止近岸护底段在护脚后河床可能发生的冲刷加深。

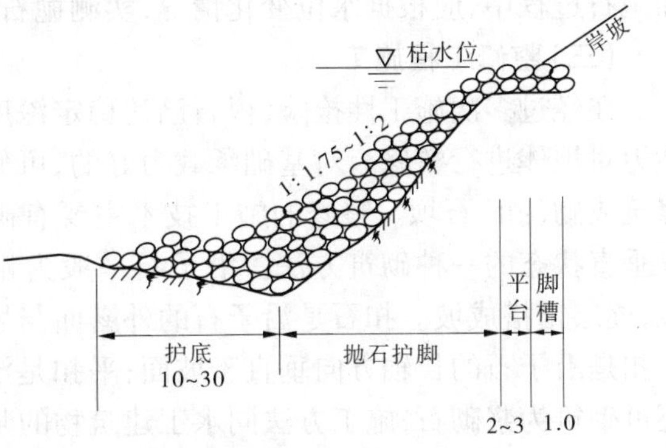

图3-21　抛石护脚　（单位：m）

抛石厚度以保证块石层下的河床物质不被水流淘刷、坡脚冲深过程中块石间不出现空当为宜。试验证明，近岸流速3.0 m/s以下，抛石厚度为2倍的块石直径即可满足要求。在实际工程的施工中，由于块石分布的不均匀性，在水深流急的部位，抛石厚度往往需要增大到块石直径的3～4倍。每一个断面可根据实际流速的大小，自上而下分成不同的厚度，如$2D$、$(2\sim2.5)D$、$(2.5\sim4)D$或$2D$、$(2.5\sim4)D$（D为块石直径）。目前，长江近岸部分抛石厚度为0.4～0.8 m，离岸较远的深泓部分抛石厚度为0.8～1.5 m。所采用的块石的大小，应根据防止块石因直接

受水流作用而移动，或在坡脚冲深后，块石滚落到床面，在水流作用下防止其继续滑动流失的原则确定。在我国主要的江河工程中，一般采用 30 ~ 150 kg(直径 0.2 ~ 0.4 m)的块石即能满足要求。抛石方量应根据护岸后近岸河床的最大冲刷坑深度，并假定护岸前后深泓线离岸距离不变绘出护岸后的横断面，按前述抛石厚度布设，计算断面的抛石方量。如能确定护岸后的抛石稳定边坡，按上述的抛石厚度布设，也可以计算出抛石方量。

2. 抛石方法

块石自水面入水点落入水中，由于受水流的作用，将经过一段距离后落到河底，自入水点到着底点的纵向水平距离称为抛石落距。

抛石施工可采用坡顶抛石和船抛根石的方法。坡顶抛石可直接运石抛卸于坝坡上，依其自重下滑入水，或停留在根石台上，然后进行人工强抛入水。抛石的开始部位应为下游处，然后逐渐抛向上游处。如果水深流急，可用大块石先在下游抛一条石埂，再用一般块石逐一抛向上游。一般块石只能抛在流速较小的迎水面中后部；主要坝岸的迎水面前半部至下跨角水深流急、冲刷严重的部位，应加抛大块石。大块石不足时，可只在重点部位抛护或改用抛石笼。水下抛石主要是固定根基，根深才能固基。因此，在抛水下根石时，应使石料能被抛到最深处。所以，抛石应在河床冲刷较深、水流流速较缓时进行。根石抛完后应进行探测，以检查是否满足计划要求。

船抛根石必须在岸上指挥，做到抛石船定位准确，抛投均匀，数量达到设计要求。抛投时，应按照先上游、后下游，先深水、后浅水，先远区、后近区的顺序进行。对新修的护岸护脚工程(如丁坝护脚工程)，特别是崩岸强度大的险段，抛护顺序应为从远至近，先坡后脚，并连续施工，突击完成。抛石施工时应先订立断面桩，桩距 20 ~ 25 m，2 ~ 3 排。并根据水下地形图绘制桩号断面，根据设计抛石厚度标出各桩号断面应抛石数量。在抛石前和抛石过程中，应根据水位变化情况，实测抛石冲距(落距)，来保证施工质量。

(三)整修工程施工

在经过多次施工性抢险，根石已达稳定深度，坝体已经逐步稳定时，应根据基础承载能力对坝体进行整修。对基础承载力好的，可修筑成重力式砌石坝；基础承载力差的，可修筑成砌(扣)石坝。整修的施工技术主要有砌石和扣石两种。砌石是沿子石的外露面呈垂直状态的一种砌筑方法。沿子石一般为粗料石，由下向上分层砌筑，横缝呈一水平线，逐层错搭成坡。扣石是沿子石的外露面与坡面相一致的砌筑方法，分为丁扣和平扣。丁扣是沿子石的长轴方向垂直于坡面；平扣是沿子石的短轴方向垂直于坡面。整修工程还可砌筑为浆砌石，施工方法同水工建筑物的浆砌石的施工。

第六节　护岸工程

护岸工程的目的是护岸、护坡。护岸工程的类型有三种：平顺护岸、丁坝护岸、守点顾线式护岸。坝、垛等整治工程已在前面讲述，这里就平顺护岸加以介绍。

一、护岸工程规划

平顺护岸是用抗冲性较强的材料直接覆盖在堤岸的坡面上，防止水流冲刷的一种护岸型式。无论是与坝、垛联合应用还是独立使用,都必须与具体的河道特性和边界条件相适应,同当地的技术、物质、人力等条件相配合。在规划过程中,应对河势的发展进行深刻的分析与研究,掌握不同水位时弯道顶冲点“上提下挫”的范围。遵循因势利导、因地制宜的原则,选择合适的护岸类型和护岸材料。平顺护岸大多布置在与治导线相接近的弯道凹岸。凸岸可以不做护岸,对移动较明显并能引起河势显著变化的凸岸可采用修筑潜坝或其他措施进行固滩。过渡段一般不宜作护岸,如果有必要,可采用轻型材料守护。

二、护岸工程结构

按照水流对岸坡的作用及施工条件,平顺护岸可分为上、中、下三层工事。设计洪水位以上为上层工事;枯水位以下为下层工事;二者之间为中层工事。中、上层工事为护坡或坡面工程,下层工事为护底、护根,又称为护脚工程。

(一)护坡工程

护坡工程除承受水流的冲刷、波浪的冲击和地下水外渗的侵蚀外,在水位变化区的部分,还要承受干湿交替,以至于冻融循环等物理作用。因此,护坡材料应具有足够的强度、抗渗性、抗冻性及抗风化性能和耐水性。目前,常用的护坡工程型式有抛石、干砌石、浆砌石、混凝土和钢筋混凝土板护坡等。对于流速、波浪较小的河段,采用栽植柳树或草皮的方法护坡,效果也很好。

1. 抛石、块石护坡

抛石护坡柔性好,经过一段时间的沉陷变形后,根基稳定下来,再进行干砌整坡。块石护坡则由面层和垫层组成。垫层起反滤作用。对于较陡的河岸,应先削坡再进行砌筑。

2. 混凝土和钢筋混凝土板护坡

混凝土和钢筋混凝土板护坡是城市防洪或石料缺乏地区常用的护坡型式。有现场浇制和预制板安装。护面板下均应铺设反滤垫层。美国纽约州在一条河上曾采用框格混凝土板护岸,见图3-22。这种工程型式是利用榫接在一起的混凝土框架以及由框架所固定的砾石、碎石填料,形成一种防止冲刷的铰接防护层。由于构件是榫接,相邻板块间允许稍有变动,因此对河床的变形能力适应性更强。孔中可以播种植物,更有助于坝体的稳定。但所有外缘边界都应保护好,避免因一块框格破坏,导致整个护坡连锁性破坏。

3. 复合型护坡体系

复合型护坡体系是保护堤岸、治理崩岸的新技术。该体系整体性好,施工方便,可以抗冲防浪,稳定河势,固定河岸。复合型护坡体系分为水上和水下两部分。水上部分以钢筋混凝土框架梁内嵌混凝土锁块为主;水下部分为框格型充沙模袋、模袋混凝土、模袋固化砂浆和垫土工布抛石、充沙模袋等。

1)钢筋混凝土框架嵌锁块

钢筋混凝土框架嵌锁块由钢筋混凝土锚桩、框架梁、排水盲沟、土工布垫层和预制锁块(或模袋混凝土和现浇混凝土板)组成。钢筋混凝土锚桩与框架梁一起构成组合梁系,固定水下的复合型模袋软体排和水上的预制锁块,增加护坡工程的整体性。预制锁块下设置排水盲沟和土工布垫层,改善护坡体的排水功能,增强了岸坡土体的自身稳定。

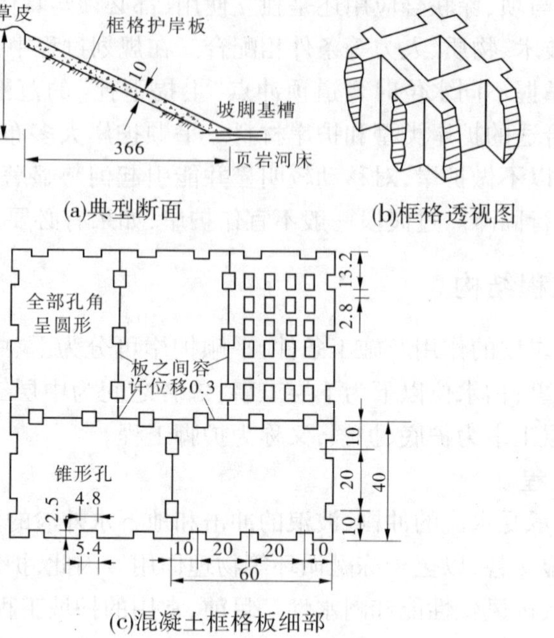

图 3-22　框格混凝土护岸　（单位：cm）

2）充沙管袋

充沙管袋主要用来垫坡、压脚、防冲、防风浪冲刷。利用充沙管袋筑坝，在坝体和原岸坡间填以泥沙。

3）土工布抛石

抛石前铺设土工布反滤垫层，避免因水流淘刷引起的抛石下沉和流失等问题。可以提高抛石工效，节约抛石。

4）复合型模袋软体排

复合型模袋软体排上段为模袋混凝土，下段为框格型充沙模袋。框格型充沙模袋的主肋垂直水流方向布置，增加近岸水流阻力；辅肋顺水流方向布置，防止铺设时两条主肋袋之间不能展平。

4. 混凝土模袋护坡

混凝土模袋按其充填材料不同分为充砂型和充混凝土型。前者适用于一般坡面、渠道、江河和水库的护坡，后者适用于较强水流和波浪作用的岸坡、海堤等。

1）模袋的类型和适用条件

模袋按所用的材质和加工工艺分为机织模袋和简易模袋。机织模袋强度高，孔径均匀，基本不漏水泥，制成带反滤点的型式，用泵充灌砂浆和细砾混凝土。其可在最大坡度1∶1甚至更陡的条件下使用，较佳的坡度为1∶1.5，在水中充灌时允许水流流速一般小于1.5 m/s。简易模袋用聚丙烯编织袋缝制，本身不具备反滤功能，需在坡面上加铺非织造织物滤层。袋内只充灌砂浆并采用人工自流灌填方式。简易模袋混凝土适用于坡度为1∶1.5～1∶3.0的水上或较浅静水下的护坡。

2)底部和顶脚结构

模袋混凝土护坡的顶部应牢固封顶,防止水流冲刷坡土,增加护坡的稳定性。封顶可采用平封(延伸长度可取0.5~1.0 m)或锚封(入土深度不宜小于0.5 m)。护坡与软体排间必须平顺、牢固、紧密结合。

护坡范围内上下游两侧与不护坡段之间的接头也必须处理良好。接头处理可采取顺坡开槽,将模袋混凝土埋入槽中的方式。开槽埋入深度上游端不小于0.5 m,下游端不小于0.7 m。

5.土工织物草皮护坡

土工织物草皮护坡是土工织物与草皮相结合形成的一种护坡型式。二者结合发挥土工织物防冲和草根系的固土作用,因此比一般草皮护坡具有更高的抗冲蚀能力。土工织物加筋草皮主要有两种型式:一种是在草籽上覆盖一层薄型土工织物,草籽发芽后,从织物孔眼穿出形成一个抗冲体,茂密的草还起到保护织物的作用;另一种是采用三维网垫,三维网垫空隙大,待草生长后形成整体,可往网垫中充填小石子起防冲作用。

(二)护脚工程

护脚工程通常采用抛石和石笼、沉枕和沉排等护脚措施,新型的护脚结构主要有土工织物类坝。

1.抛石护脚

抛石的范围、尺寸、厚度及方法同前文所述。

2.沉枕护脚

抛沉柳石枕也是最常用的一种工程型式。沉枕是用柳枝、芦苇、秸料先扎成直径15 cm、长5~10 m的梢把(梢龙),每隔0.5 m捆扎一道篾子(16号铅丝),然后将其铺在枕架上,上面堆放块石,间配密实,石块上再放梢把,用14号或12号铅丝捆紧成枕。枕体两端应装大石块,并捆成布袋口形,以防枕石外漏。在制作时,加穿心绳(可用8号铅丝绞成),用来控制枕体沉放位置。常见沉枕结构如图3-23所示。

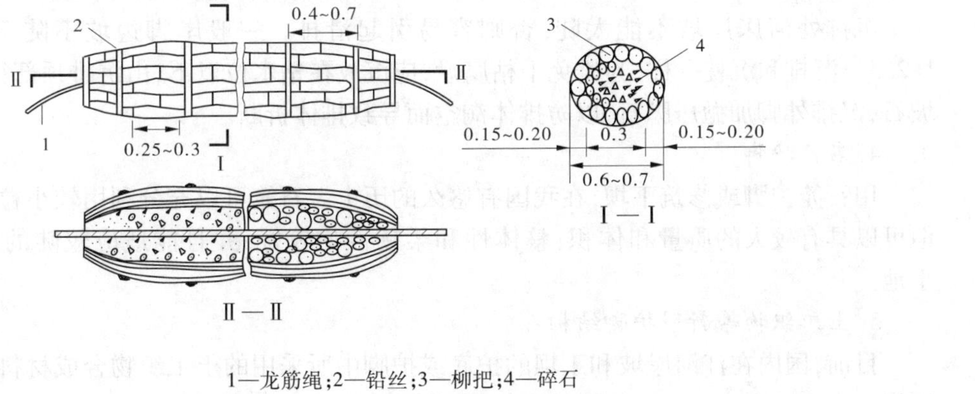

1—龙筋绳;2—铅丝;3—柳把;4—碎石

图3-23 柳石枕 (单位:m)

沉枕上段应在常年枯水位下0.5 m,以防最枯水位时沉枕外露而腐烂,其上还应加抛接坡石。沉枕外脚应加抛压脚石,避免因河床被水流淘刷而使枕体下滚后悬空折断。最好在枕体上部加抛压枕石，以稳定枕体。

沉枕施工可以在岸上进行，也可以在水上进行。在岸上抛枕，捆枕时应预留穿心绳，抛放时用人工拉着绳，自岸坡向防护地点滚下。在水上抛枕应采用抛枕船，在船上随捆随抛，抛枕的顺序是：在断面上可以自外向内，这样容易使枕体在断面上排列紧密，另外抛枕船内移较易操作。沿河岸的抛枕顺序，应先下游后上游，循序抛护。当上下相邻枕体重叠时，为利于顺导水流，应使上游一排枕体尾部压在下游一排枕体头部。

沉枕护脚主要用于新河岸河段，凡险工段的水下部分过去未大量抛石，水下岸坡不是太陡（缓于1∶1），沉枕在斜坡上本身能够稳定下来，即使水深流急，也可采用沉枕护脚。

沉枕护脚能使水下掩护层连接成密实体，而且其具有一定的柔韧性，入水后可以紧贴河床，起到较好的防冲作用，同时易滞沙落淤，稳定性能好。缺点是易滚动折断，一般仅能维持10年左右。

3. *沉排护脚*

沉排整体性、柔韧性和抗冲性能都较好，能适应河床的冲刷变形，且坚固耐用，具有较长的使用寿命，故沉排是一种较好的护脚工事。沉排制作时，先用13～15 cm梢龙扎成1.0 m×1.0 m的下方格，其交叉点用铅丝或麻绳扎紧，并在每一交叉点插下木桩一个，桩长1 m以上，将捆扎下方格交点的绳头系在木桩顶上，用以扎紧上、下方格。下方格扎好之后，在上面铺好梢料，一般铺三层，每层厚0.3～0.5 m，各层梢料互相垂直放置，梢根向外，梢端向内。三层梢料压实后厚约1 m，然后在填料上扎制上方格，大小与下方格相同，互相对准位置，再解去木桩上的绳头，拔去木桩，用绳头捆扎上方格各交叉点，这样上、下方格和中间填料连接成的密实整体成为沉排。

排体垂直于水流方向的长度，取决于排脚处的河床预计冲深和稳定岸坡。这种沉排用做护岸、护底时，可在排的四周和中间梢龙上打上短桩，桩之间用梢料编成篱笆，形成2 m×2 m、高约0.5 m的小方格，以防止抛石的流失。排体中预先扎好系缆桩，作为滑排、运排和沉排的系带处和着力点。将排体放置在岸边安有滚木的滑台上，做好之后滑入水中，用船拖至设计排位处，先抛小块石（10～20 cm）压沉，再抛大块石护面。

沉排处河床岸坡不能太陡，否则容易引起滑排。一般岸脚边坡不陡于1∶2.0～1∶2.5。沉排和沉枕一样，为避免干枯腐烂，应沉放在枯水位以下，由沉排顶部往上加抛接坡石，沉排外脚加抛压脚石，以防排体淘空而导致排体折断。

4. *石笼护脚*

用石笼护脚或修筑丁坝，在我国有悠久的历史。石笼可以充分利用较小粒径的石料，但可以具有较大的质量和体积；整体性和柔韧性均较好，并且能适应较陡的河岸，节约土地。

5. *土工织物等新型护脚结构*

目前，国内在江河岸坡和丁坝的护底或护脚中所采用的土工织物合成材料防护结构，概括起来主要有土工织物软体排、土工织物土枕和土工合成材料石笼。

1）土工织物软体排

土工织物软体排是以土工织物为基本材料做成大片排体的防冲护底结构。软体排主要有压载软体排和充沙软体排两种型式。

压载软体排是用土工织物缝制成一定尺寸的排布，在排布上加一定的压重形成的一种防冲结构。压重主要有：

(1)块石和混凝土散抛压载。这两种压载要求不应有尖角，以免刺破排布。

(2)土袋、土枕。土袋用土工织物缝制而成，长度一般在1 m左右，袋体大小可由压重需要和便于搬运确定。充满程度以0.8～0.85为宜，袋口应扎紧。土枕亦称长管袋，是用土工织物制成的长条形管袋。根据其用途，一般直径为0.6～1.0 m。为加强袋体，沿长度方向每隔0.5 m左右可用尼龙绳捆一圈作为加强腰箍。腰箍应与枕布连接或穿入枕布预先制好的套筒内，以免窜动。

(3)石笼。石笼是以铅丝或土工网等编制成圆形或矩形框格，内填充石料而成。石笼与排布之间用尼龙绳连接。铁丝石笼底层的石块必须严格保证平面朝下，避免尖角朝下，否则在石笼与排布间应加设垫层。

(4)石笼土枕组合压载。石笼土枕组合压载是在纵横向用石笼做成框格，框格内用土袋或土枕充填。土枕之间、土枕与石笼和排布、网绳之间使用尼龙绳连接紧密，以保证良好的整体性。有的地方还采用梢捆方格充填土枕或块石。

充沙软体排以充入袋体中的沙土质量作为压重维持排体的稳定，无需外加压重。由于水下坡面地形复杂，甚至局部出现陡坎，排体的抗滑稳定性计算往往不十分准确，为了增大排体的稳定性，软体排排首一端必须锚固在枯水位以上的坡面上。

锚固可采取下述一种或两种结合的方法：

(1)锚固槽法。在锚固位置先挖一条沟槽，将排布连同筋绳首端铺在槽内，然后在其上压铅丝石笼，或浇筑混凝土、压混凝土梁等。如果预计拉力较小，也可以填土夯实。然后将排体筋绳拴紧。锚固槽的深度一般不小于50 cm。

(2)打桩锚固。在锚固位置顺岸沿线打一排木桩或钢管桩，然后将筋绳后石笼栓紧在桩上。桩的间距和打入深度根据排体的下滑力来确定。软体排锚固位置是护底与上部护坡的分界线，因此必须做好两者的连接，避免产生局部冲刷破坏。可以将上部护坡垫层的土工织物的下端锚入锚固槽中，锚入深度应不小于30 cm，也可以将垫层土工织物与排布搭接，最好二者加以缝合，搭接宽度应不小于50 cm。同时，上部护坡面层与软体排压载体之间应连接平顺。

2)土枕护脚

土枕即可以用做软体排的压重、丁坝和岸坡的护脚(根)，又可以修筑导流坝、锁坝和丁坝等矮坝。土枕常用织造土工织物制作，一般为圆形或方形，直径或边长0.5～1.0 m，长5～10 m。土枕的充填可用人工直接装土(人工充填)、用水枪或泥刀将沙土冲搅成泥浆并用泥浆泵将泥浆输送和充填入袋(水力充填法)和稀泥浆用泵充入袋内(泥浆泵送法)。

总之，护岸护脚的工程措施很多，选用时应根据工程的实际情况，综合考虑水流、河床组成等条件，采取合适的措施，使之发挥最大的作用。

第四章　江河防洪系统

第一节　江河防洪系统组成

洪水灾害是我国发生频繁、危害最严重的自然灾害，而暴雨洪水是造成我国洪水灾害的主要成因。洪水灾害影响范围十分广阔，凡是江河涉及的区域不同程度上都会受到洪水威胁，特别是我国黄河、长江、淮河、海河等较大流域产生的灾害，严重影响经济建设，甚至威胁人民的生命安全。只有深入认识洪水灾害产生的原因，才能找出行之有效的解决办法，减少洪水造成的危害。经过长期的努力，目前我国已经形成比较完善的江河防洪系统。

一、江河洪水及其特征值

我国河流的洪水主要来自高山融雪和大气降雨，因此洪水总是随季节而产生，故称汛水；洪水产生的时期又称汛期。按洪水出现的时间及季节不同，将汛期分为凌汛、桃汛、伏汛和秋汛，有时伏汛和秋汛并不严格区分，合称为伏秋大汛。根据洪水产生的原因不同又将洪水分为暴雨洪水、融雪洪水、融冰洪水、冰凌洪水和溃坝洪水。

北方地区的一些河流在冬日冰封未稳和早春解冻开河之初，往往水流中挟带有大量冰凌。冰凌的阻滞作用会使水面壅高，如遇弯曲狭窄河段卡冰阻水形成冰坝，更使冰坝上游水位猛涨，故称凌汛。春天高山融雪及槽蓄水下泄，也会形成不大的洪峰，因时值桃花盛开，故称桃(花)汛。入伏以后降雨增多，暴雨形成的洪水称为伏汛，伏汛洪水一般峰高量大。入秋以后秋雨连绵形成的洪水，称为秋汛。秋汛虽然洪峰不如伏汛大，但持续时间长、洪水总量大，这两汛对河道安全威胁很大，是防汛的重点。

我国多数河流的洪水是由降雨引起的，此类洪水称为暴雨洪水。在北方，一些河流由于春季的温度急剧升高，导致积雪大量融化，形成融雪洪水。西部的河流降雨较少但有大量的积雪和冰川，当夏季气温高时形成融冰洪水。另外，当水库溃坝后形成的局部非常洪水称为溃坝洪水。

为了表示一场洪水，常用的特征值有洪峰流量(一次洪水最大流量)、洪水流量过程线(反映一次洪峰中流量随时间变化的曲线)、洪水总量(常用一次洪峰特征时段的洪水总量表示)、洪峰水位(一次洪峰的最高水位)及洪水含沙量(洪水平均含沙量和最大含沙量)，用这些要素可以反映洪水的强度和冲淤造床能力。

对于洪水，根据堤防受威胁程度不同，一般汛期按不同水位分为三个防守等级。

(1)设防水位。当洪水达到堤脚时的水位称为设防水位，设防水位标志堤防开始受到洪水威胁，需要布置人员开始巡查。

(2)警戒水位。警戒水位是设防水位与设计水位之间的某一水位，此时堤防临水边坡部分淹没水下，可能出现险情，需要密切注意河势变化，加强戒备，落实防守工作。如1999年黄河花园口警戒水位为94.30 m，相应流量为4 000 m^3/s。

(3)保证水位。洪水水位达到设计水位时的水位称为保证水位。洪水水位达到保证水位时，堤防受到严重威胁，各种险情都可能发生，有关县级以上人民政府防汛指挥机构可以宣布进入紧急防汛期。在紧急防汛期，防汛指挥机构提请公安、交通等有关部门依法实施陆地和水面交通管制，需要组织发动各种力量全力以赴抗洪，确保大堤安全。如1999年黄河花园口保证水位为95.70 m，比1958年高出1.90 m。

二、防洪工程措施

江河防洪系统可看成是由自然要素和人为要素共同组成的复合系统。在天然水系中，河道是排泄洪水的通道，并对洪水起槽蓄作用，同样天然湖泊对洪水起不容忽视的调蓄作用。毫无疑问，应该将河道、湖泊等自然要素看成是江河防洪系统中的重要组成部分。堤防、分蓄洪工程、水库、河道整治等防洪工程措施及其他的防洪非工程措施均属于防洪系统中的人为要素。防洪措施是指防止或减轻洪水灾害损失的各种手段和对策。它包括防洪工程措施和防洪非工程措施。

防洪工程措施指为控制和抗御洪水以减免洪水灾害损失而修建的各种工程，主要包括堤防与防洪墙、分洪工程、河道整治工程、水库等。此外，水土保持也可归类于防洪工程措施，它有一定的蓄水、拦沙、减轻洪灾损失的作用，它和水库统称为治本措施，可以从根本上减轻洪水灾害，而其他工程措施称为治标措施，只是起到了将洪水安全排往容泄区的作用。

（一）堤防工程

堤防是最为广泛采用的一种防洪工程措施。沿河筑堤，约束洪水，可抬高河道行洪水位，提高泄洪流量，这一措施对防御常遇洪水较为经济，容易实行，它是防洪的最后一道屏障，一旦被突破，大范围的灾害就会发生，所以防汛中往往根据水位与堤防的关系来开展相应的工作。但是筑堤也会带来一些负面的影响，筑堤前每当洪水泛滥，漫溢于沿岸的洪水将其挟带的泥沙散落于洪泛平原，筑堤后这些泥沙可能淤积在河道中，抬高河床，恶化防洪情势。据统计，黄河花园口站1982年平滩流量为5 000~7 000 m^3/s，到了1999年平滩流量只有3 000 m^3/s，17年间河床抬高1.3~1.8 m，由于同流量对应的水位抬高，加上堤防屏障的阻隔，造成沿河地区汛期排水不畅。另外，对于超过堤防防洪标准的洪水而言，可能造成洪水浸堤和溃决，与未修堤时发生这种超标准的洪水自然泛滥的情形相比，溃堤造成的洪水灾害损失更大。即对于超过堤防防洪标准的洪水而言，堤防对防洪可能带来负效应。

（二）河道整治工程

河道整治是流域综合开发中的一项综合性工程措施。可根据防洪、航运、供水等方面的要求及天然河道的演变规律合理进行河道的局部整治。从防洪意义讲，河道整治的目的是提高河道泄洪能力、稳定河势、护滩保堤。对河流天然弯道裁弯取直，可缩短河轴线，增大水面比降，提高河道过水能力，并对上游临近河段起到降低洪水位的作用。对局部河段采取扩宽或挖深河槽的措施，可扩大河道过水断面，相应地增加过水能力。

(三)分蓄洪工程

分洪是一项有效的减洪措施。在适当地点开辟分洪道,可将超出河道安全泄量的部分流量分流入海或分流入其他河流或绕过重点保护河段后回归原河流。分洪道的作用是提高其临近的下游重点保护河段的防洪标准。但分洪不能以牺牲其他地区(河段)为代价。

分蓄洪工程是利用天然洼地、湖泊或沿河地势平缓的洪泛区,加修周边围堤、进洪口门和排洪设施等工程措施而形成分蓄洪区。其防洪功能是分洪削峰,并可利用分蓄洪区的容积对所分流的洪量起蓄、滞作用。分蓄洪区只在出现大洪水时才应急使用。对于分洪口门下游临近的重点保护河段而言,启用分蓄洪区可承纳河道的超额洪量,提高该重点防护河段的防洪标准。但我国人多地少,经济发展迅速,致使许多分蓄洪区已形成区内经济过度开发、人口众多的局面,导致分洪损失急剧上升,使用十分困难。因此,必须在分蓄洪区内研究采用防洪非工程措施,以确保区内居民可靠避洪或安全撤离,减小分洪损失。

(四)水库防洪

水库是水资源开发利用的一项重要的综合性工程措施。水库具有调蓄洪水的能力,同时可以利用水库的有效库容调节河川径流,发挥水库的综合利用效益。大江大河通常在防洪规划中利用有利地形、合理布置干支流水库共同对洪水起有效的控制作用。修建水库工程投资巨大,而且还带来土地淹没、人口迁移等问题,在多沙河流上还必须充分研究修建水库后上下游泥沙冲淤变化带来的各种影响。

防洪工程措施通过对洪水的蓄、滞、分、泄,起到防洪减灾的效果,这种减灾效果包括两方面:

(1)提高了江河抗御洪水的能力,或者说提高了江河的防洪标准,从而减少了洪灾的出现频率;

(2)当出现超防洪标准的大洪水时,虽不能避免产生洪水灾害,但可在一定程度上减轻洪灾损失。

必须强调指出,由于受自然、技术、经济等多种条件的限制,不能设想可以由防洪工程措施来实现对洪水的完全控制,防洪工程措施只能减轻洪灾损失,但不可能达到根除洪灾的目的。

三、防洪非工程措施

防洪非工程措施是指为了减少洪泛区洪水灾害损失,采取颁布和实施法令、政策及防洪工程以外的技术手段等方面的措施。如洪泛区管理、避洪安全设施、洪水预报与警报、安全撤离计划、洪水保险等均属于防洪非工程措施。也就是说,凡属涉及处置洪水,包括对洪水起蓄、滞、分、泄等作用的工程手段,均属于防洪工程措施;不是直接处置洪水,而是通过对洪泛区的人和事的处置和安排来减轻洪灾损失的有关工作,均属于防洪非工程措施。

(一)行洪区管理

有堤防的河道、湖泊,行洪区管理范围为两岸堤防之间的水域、沙洲、滩地和堤防及护堤地;无堤防的河道、湖泊,其管理范围为历史最高洪水位或者设计洪水位之间的水域、沙洲、滩地等。为了行大洪、防大汛，国家禁止在河道、湖泊管理范围内建设妨碍行洪的建筑物、构筑物，倾倒垃圾、渣土，从事影响河势稳定、危害河岸堤防安全和其他妨碍河道行洪的活动。在行洪区内还禁止种植阻碍行洪的林木和高秆作物，禁止围湖造地。有些地区已经围垦的，应当按照国家规定的防洪标准进行治理，有计划地退地还湖。禁止围垦河道，确需围垦的，应当进行充分的科学论证，经水行政主管部门确认不妨碍行洪、输水后，报省级以上人民政府批准。对居住在行洪河道内的居民，当地人民政府应当有计划地组织外迁，护堤护岸的林木由河道、湖泊管理机构组织营造和管理，护堤护岸林木，不得任意砍伐。对壅水、阻水严重的桥梁、引道、码头和其他跨河工程设施，根据防洪标准，应当由建设单位限期改建或者拆除，建设跨河、穿河、穿堤、临河的桥梁、码头、道路、渡口、管道、缆线、取水、排水等工程设施，应当符合防洪标准、岸线规划、航运等要求及其他技术要求，不得危害堤防安全，影响河势稳定、妨碍行洪畅通；其可行性研究报告按照国家规定的基本建设程序报请批准前，其中的工程建设方案应当经有关水行政主管部门根据前述防洪要求审查同意。

（二）洪泛区管理

洪泛区管理是减轻洪灾损失的一项重要的措施。根据我国的国情，这里所指的洪泛区主要是分蓄洪区（包括滞洪区），并包括为特大洪水防洪预案安排出路所涉及的行洪范围，而不是泛指江河的洪泛平原。必须通过政府颁布法令及政策加强对洪泛区的管理，以实现对洪泛区进行有计划的、合理的，而不是盲目的开发利用。必须对盲目的开发利用通过制定政策及下达法令予以限制和调整。如有的国家采用调整税率的政策，对不合理开发的区域征收较高的税率。避洪安全设施是为保护洪泛区，特别是分蓄（滞）洪区内群众生命安全及减少损失而采取的措施，如修筑避水台、躲水楼、安全台、安全区等避洪设施。

离堤较远的居民，可就近利用天然高地堆筑土台作为避水台，台面高程应达到蓄洪高水位加风浪超高。躲水楼采用混凝土框架结构，底层墙壁可临时拆除，以免阻水；第二层楼高程应超过蓄洪高水位加风浪高。安全台（村台）应沿堤选择避开急流、崩岸和深水的位置，可建在区内或建在堤外滩地，台面平堤顶高程，安全台一般是利用区内靠近堤防的有利地形，修筑围堤而形成一个完整的堤岸。避洪设施对于分洪区内人民的生命财产安全有积极的作用，但由于分蓄洪区内人口众多，避洪设施需要投入巨额资金，必须合理规划，并根据国家财力逐步实施。

建立洪水预报和洪水警报系统是防洪减灾的有效技术手段，利用水情自动测报系统自动采集和传输雨情、水情等信息，及时作出洪水预报；利用洪水预报的预见期，配合洪水调度及洪水演算，预见将出现的分洪、行洪灾情，在洪水来临之前，及时发出洪水警报，以利分洪区居民安全转移。洪水预报愈精确，预报预见期愈长，减轻洪灾损失的作用就愈大。

安全撤离计划是指在接到洪水警报及撤离命令时，对处于洪水威胁的洪泛区内居民的安全撤离预先作出合理的、可靠的安排，使分洪区的居民及其主要财产能安全撤出。撤离计划主要包括：建立撤离的指挥组织机构，确定撤离路线、撤离方式（包括预先落实可使用的交通车辆）、撤离次序等。每年汛前应对撤离计划进行核实和修正，确保当接到撤离命令时能安全有序地撤离,以减轻所遭受的洪灾损失。

(三)洪水保险

洪水保险作为一项防洪非工程措施主要是由于它有助于洪泛区的管理,而对防洪减灾在一定程度上起有利的作用。有些国家已实行洪水保险措施,此项措施在我国目前还处于研究和准备试行阶段。洪水灾害的发生情况是小洪水年份不出现洪灾,而一旦发生特大洪水,灾区将蒙受惨重的损失,国家也不得不为此突发性灾害支付巨额的救济资金。实行洪水保险,洪泛区内的单位和居民必须为洪灾投保,每年支付不变的年保险费,一旦发生洪灾,可用积累的保险费赔偿投保者的洪灾损失。显然,洪水保险并不能直接起减小洪灾损失的作用,但是它对防洪事业还具有两方面的积极意义:①它将极不规则的洪灾损失的时序分布,转化为均匀支付的年保险费,从而减小突发性洪灾对国民经济和灾区的严重冲击和不利影响;②配合洪泛区管理,对具有不同洪灾风险的区域规定缴纳不同的洪水保险费,与前述调节洪泛区内不同区域的纳税率的政策相似,可以借助于洪水保险对洪泛区的合理利用起促进作用。

第二节 防洪规划与防洪预案

流域综合规划是根据经济社会发展需要和水资源开发利用现状编制的开发、利用、节约、保护水资源和防治水害的总体部署,国家确定的重要江河、湖泊的流域综合规划,由国务院水行政主管部门会同国务院有关部门和有关省、自治区、直辖市人民政府编制,报国务院批准。跨省、自治区、直辖市的江河、湖泊的流域综合规划和区域综合规划,由有关流域管理机构会同江河、湖泊所在地的省、自治区、直辖市人民政府水行政主管部门和有关部门编制,分别经有关省、自治区、直辖市人民政府审查提出意见后,报国务院水行政主管部门审核;国务院水行政主管部门征求国务院有关部门意见后,报国务院或者其授权的部门批准。

流域综合规划是江河内社会、经济、环境、水资源等诸多方面的根本规划,其他专业规划首先必须以它为基准,防洪规划就是流域的专业规划,它不允许与流域综合规划发生矛盾或冲突。任何水利工程设施都必须在流域综合规划的要求下设计、施工,都必须满足防洪规划要求。实际上,许多水利工程设施都是流域综合规划、防洪规划的有机组成部分,举世闻名的三峡工程首要的目标效益就是防洪。

防洪规划是指为防治某一流域、河段或者区域的洪涝灾害而制定的总体部署,包括国家确定的重要江河、湖泊的流域防洪规划,其他江河、湖泊的防洪规划以及区域防洪规划。防洪规划应当服从所在流域、区域的综合规划;区域防洪规划应当服从所在流域的流域防洪规划。

防洪规划是江河、湖泊治理和防洪工程设施建设的基本依据。江河防洪规划中必须首先充分认识河流的洪水演进特性,包括河湖对洪水的自然调蓄作用,天然河道宣泄洪水的能力以及大洪水漫溢泛滥的情况。它是一种战略性计划,对河道治理及防洪设施的建设起长期的指导作用。江河流域形成的自然地理单元是通常进行防洪规划的对象,如我国七大江河和一些单独入海的中小河流的防洪规划是全流域性的总体规划。对于支流众多的大流域而言，流域总体防洪方案的重点主要针对沿干流分布的被保护地区的防洪减灾，对于其支流的防洪问题，必要时可另作防洪补充规划。另外，还有对江、河的某一重点河段、某一地区进行防洪规划以及防洪工程规划等。必须将地区或支流的防洪规划看成是全流域总体防洪规划的有机组成部分，接受总体规划的指导，并与之相互协调。

防洪规划，特别是大江大河的流域防洪规划，是一项十分复杂和艰巨的工作。防洪规划为防洪减灾提出江河治理的总体战略部署，对江河防洪工作具有长期的指导意义。不同的河流，防洪问题的特点不同，防洪规划的内容也有差别。一般来讲，防洪规划的工作程序及主要内容包括资料调研、问题辨识、方案拟定、方案评价等。

一、防洪标准

在防洪规划中要考虑到不同地区的重要性，采取的防洪措施和级别是有一定区别的。为适应国民经济各部门、各地区的防洪要求和防洪建设的基本需要，国家制定了相应的防洪标准，针对不同的防护对象确定防洪标准，制定相应的防洪规划。防洪标准的主要保护对象包括城市、乡村、工矿企业、交通运输设施、水利水电工程、动力设施、通信设施、文物古迹和旅游设施等，根据防护对象的重要性划分成不同的等级，等级越高相应的防洪标准也就越高，防洪标准主要以洪水重现期表示，表 4-1、表 4-2 分别为城市和乡村防护区的等级和防洪标准。

表 4-1　城市防护区的等级和防洪标准

等级	重要性	非农业人口（万人）	防洪标准（重现期（年））
Ⅰ	特别重要的城市	≥150	≥200
Ⅱ	重要的城市	150～50	200～100
Ⅲ	中等城市	50～20	100～50
Ⅳ	一般城镇	≤20	50～20

表 4-2　乡村防护区的等级和防洪标准

等级	防护区人口（万人）	防护区耕地（万亩）	防洪标准（重现期（年））
Ⅰ	≥150	≥300	100～50
Ⅱ	150～50	300～100	50～30
Ⅲ	50～20	100～30	30～20
Ⅳ	≤20	≤30	20～10

注：1. 其他防洪标准可以参考《防洪标准》（GB 50201—94）。

2. 1 亩 =1/15 hm^2。

二、防洪规划的确定

（一）防洪规划的基本原则和内容

防洪规划实行“全面规划、统筹兼顾、预防为主、综合治理、局部利益服从全局利益”的原则。防洪规划的目的是基于对河流水流特性的认识，合理采取一些防洪措施（包括工程措施和非工程措施),以达到提高江河抗御洪水的能力及减轻洪水灾害损失的目的。根据防洪实践经验,可提出供防洪规划参考的一些指导性的原则,以便处理和协调各方面的关系。防洪规划应当首先确定防护对象、治理目标和任务、防洪措施和实施方案,划定洪泛区、蓄滞洪区和防洪保护区的范围,规定蓄滞洪区的使用原则。

(二)防洪规划涉及的因素

(1)防洪需要与可行性的关系。可根据历史洪水灾害及社会、经济的发展状况,提出防洪保护对象(如洪水可能造成重大灾害的河段、重要城市、大片农田等)及其防洪标准的要求。但必须根据河流的自然地理条件、技术上的可行性、经济上的合理性,研究可能采取的防洪措施,借此探讨满足防洪要求的可能程度。

(2)防洪与兴利的关系。防洪规划是流域综合利用规划的有机组成部分。开发和治理河流应尽可能使水资源利用与防洪减灾相结合,规划中采取的措施(如水库)既要提高防洪保护对象的防洪标准,又要提高水资源开发利用的效益。

(3)局部与整体的关系。防洪规划应强调从全局出发,上下游、左右岸统筹兼顾。为保证全局,特别是重点保护对象的安全,必须考虑在非常条件下(如发生超防洪标准的特大洪水时),采取必要的防洪措施(如启用分蓄洪工程),作出局部利益的牺牲,以确保重点地区的安全。

(4)蓄泄兼筹。在干支流兴建水库拦蓄洪水,削减洪峰的同时,还必须通过修堤及河道整治,扩大河槽行洪能力,并辅以分(蓄)洪措施,合理安排洪水出路。

(5)工程措施与非工程措施相结合。防洪工程措施是提高江河防洪标准的手段,但防洪工程投资巨大,并存在占去大片土地及造成居民搬迁等问题;非工程措施通过法令、政策以及工程以外的技术手段,用较少投资,达到减轻洪灾损失的效果。

(6)近期与远景的关系。防洪规划的总体计划体现江河防洪的远景目标。编制总体防洪规划时,必须同时考虑分期实施的安排,逐步提高江河抗御洪水的能力。分期实施应与远景计划相适应,同时必须考虑近期发生超防洪标准洪水的应急对策。

(7)可持续发展。防洪规划必须考虑实现江河防洪系统的可持续发展。采用水土保持措施,防止水土流失,保护和改善流域的生态环境,减轻泥沙淤积给防洪带来的不利影响。应充分认识防洪工程措施对生态环境产生的负面影响,防洪规划中应认真研究,将不良效应减轻到尽可能小的程度。

(三)防洪规划目标

防洪规划必须全面考虑经济、社会、环境的目标。防洪经济效益是防洪规划的主要目标,此外还必须从可持续发展的角度,充分考虑社会福利和生态环境方面的影响。如水库淹没区的移民问题,分蓄(滞)洪区长期处于有风险性的生活和生产状况等,都属于防洪工程带来的社会问题;多沙河流水库泥沙淤积,引起水库回水末端上延,上游临近地区地下水位上升而造成不良影响;抬高堤防而使沿河地区排水不畅等均属于引起生态坏境恶化的问题。防洪规划中必须将尽可能减小防洪措施产生的社会福利、生态环境的负面影响作为规划目标。

一个完整的流域防洪规划方案通常是由多种防洪工程措施与多种防洪非工程措施共同组成的防洪系统。不同流域的自然条件和社会经济状况有较大差异,必须从实际出发,因地制宜地研究符合流域自身条件的综合防洪措施的合理布局。对于较大流域而言，防洪系统中各种防洪措施的布局具有一些一般性的特点。例如，在流域上中游适当开展水土保持；在中下游重点河段沿河筑堤及进行局部河段的河道整治；在临近重点防洪保护对象的上游，利用适当地形（如天然洼地、湖泊、地势平缓的沿河洪泛区）布置分蓄（滞）洪区；在河流尾间开辟分流入海；或入其他江河的分行洪道；结合水资源综合利用开发在上中游和支流的有利坝址修建对洪水起控制性作用的干支流水库；在具有潜在洪灾风险的洪泛区积极采取洪泛区管理、行洪安全设施、预报警报系统、安全撤离计划、洪水保险等多种防洪非工程措施。各流域应根据自身防洪问题的特点，合理确定其相应的防洪系统的布局。流域防洪规划是一个复杂的多目标决策问题，一般不可能存在绝对优化方案，只有通过权衡利弊，选出比较满意的最佳方案，也就是说某些情况下必须牺牲某些局部利益。

（四）防洪规划制定与审批

国家确定的重要江河、湖泊的防洪规划制定，由国务院水行政主管部门依据该江河、湖泊的流域综合规划，会同有关部门和有关省、自治区、直辖市人民政府编制，必须经国务院批准才能执行。

其他江河、湖泊的防洪规划或者区域防洪规划，由县级以上地方人民政府水行政主管部门分别依据流域综合规划、区域综合规划，会同有关部门和有关地区编制，报本级人民政府批准，并报上一级人民政府水行政主管部门备案；跨省、自治区、直辖市的江河、湖泊的防洪规划由有关流域管理机构会同江河、湖泊所在地的省、自治区、直辖市人民政府水行政主管部门、有关主管部门拟定，分别经有关省、自治区、直辖市人民政府审查，提出意见后，报国务院水行政主管部门批准即可。

城市防洪规划，由城市人民政府组织水行政主管部门、建设行政主管部门和其他有关部门依据流域防洪规划、上一级人民政府区域防洪规划编制，按照国务院规定的审批程序批准后纳入城市总体规划。

我国多数河流已经制定有详细的流域防洪规划，并且按照流域防洪规划的方案对流域进行治理。另外，在江河、湖泊上建设防洪工程和其他水利工程、水电站等时，应当符合防洪规划的要求；水库应当按照防洪规划的要求留足防洪库容。

三、长江和黄河防洪规划简介

（一）长江流域防洪规划

长江流域防洪规划遵循“蓄泄兼筹、以泄为主”的方针，坚持“江湖两利”和“左右岸兼顾、上中下游协调”的原则，进一步完善长江流域防洪总体布局，逐步建成以堤防为基础，三峡工程为骨干，干支流水库、蓄滞洪区、河道整治相配合，平垸行洪、退田还湖、水土保持等措施与防洪非工程措施相结合的综合防洪减灾体系，全面提高长江流域防御洪水灾害的能力。

规划指出，加强防洪骨干工程建设，不断推进长江治理。继续加强堤防、海堤达标建设和河口整治，重点加固与长江中下游形成封闭圈的连江支堤、洞庭湖和鄱阳湖重点圩堤、汉江中下游堤防等重要堤防；在对三峡工程蓄水运用后河道冲淤变化研究的基础上，加强长江中下游重点河段的河势控制；加强蓄滞洪区建设与管理，重点建设城陵矶附近有效分蓄100亿 m^3 超额洪水量的蓄滞洪区;加强城市防洪工程建设,不断完善重点城市防洪工程体系,制定城市防御超标准洪水预案;加强病险水库除险加固,确保水库安全运行;继续兴建对长江上游或重要支流防洪作用明显同时可减轻长江中下游防洪压力的骨干水库,提高调控洪水的能力;加大水土流失治理力度,加强山洪灾害防治,建立健全山洪灾害防灾减灾体系。

规划规定,力争到2015年,荆江河段防洪标准达到100年一遇,在遭遇类似1870年特大洪水时两岸主要防洪大堤不溃决,城陵矶以下河段能防御新中国成立以来发生过的最大洪水(1954年洪水);重要蓄滞洪区能适时适量运用,重要城市、洞庭湖和鄱阳湖区重点圩垸、主要支流堤防基本达到规定的防洪标准;上海市宝山区和浦东新区按200年一遇高潮位加12级风设防,其余海堤段按100年一遇高潮位加11级风设防。到2025年,建成比较完善的防洪减灾体系,与流域经济社会发展状况相适应。

(二)黄河流域防洪规划

黄河流域防洪规划坚持"上拦下排、两岸分滞"调控洪水和"拦、排、放、调、挖"综合处理泥沙的方针,进一步完善以河防工程为基础,水沙调控体系为骨干,水土保持、干流放淤和分滞洪工程措施相结合的流域防洪减淤工程总体布局,辅以防汛抗旱指挥系统建设、防洪调度和洪水风险管理等非工程措施,构建较为完善的流域防洪减淤体系,全面提高黄河流域防御洪水灾害和治理泥沙的综合能力。

规划指出,加强防洪骨干工程建设,不断推进黄河治理。继续加强黄河下游标准化堤防建设,大力开展河道整治,控导河势,提高主槽过流能力;加强河口整治和管理,相对稳定入海流路;加强病险水库除险加固,确保水库安全运行;抓紧做好古贤、东庄水库的前期工作和黑山峡河段开发方案的论证工作,有计划地建设黄河干流和主要支流的控制性防洪减淤水库,逐步完善黄河流域水沙调控体系,拦蓄洪水泥沙,调水调沙;搞好蓄滞洪区和滩区安全建设,完善补偿政策措施。加快黄河上中游干流及主要支流重点防洪河段的河防工程建设。加强城市防洪工程建设,不断完善重点城市防洪工程体系,制订城市防御超标准洪水预案;加大水土流失治理力度,特别是中游多沙粗沙区治理;加强山洪灾害防治,建立健全山洪灾害防灾减灾体系。

规划规定,力争到2015年,初步建成黄河防洪减淤体系,基本控制洪水,确保黄河下游防御花园口洪峰流量22 000 m^3/s 堤防不决口,逐步恢复主槽行洪能力,初步控制游荡型河段河势;基本控制人为产生的水土流失,减轻河道淤积;上中游干流、主要支流重点防洪河段的河防工程基本达到设计标准,重要城市达到规定的防洪标准。到2025年,建成比较完善的防洪减淤体系,基本控制洪水和泥沙。

流域防洪规划的总体方案往往将经过一段较长的时期(如长达几十年)才能最终实现,因此对于一个拟定的规划方案,还必须同时辅以分期实施的计划。江河防洪规划是十分重要的,它为江河治理制定了总体战略部署,对流域防洪事业起宏观的指导作用,同时也是一项十分复杂和艰巨的工作。

四、江河防洪预案

江河防洪预案是根据对洪水、泥沙、河道的认识以及在现有防洪工程的基础上,根据防洪规划要求制定的抵御洪水的详尽计划，将可能发生的洪水灾害损失减小到最低限度。预案针对不同洪水级别提出相应的防洪措施，在洪水到来之前做好充分的准备，才能做到有备无患。各级防汛指挥机构都必须制定本辖区内的防洪预案，并且要服从上级防汛机构的要求。江河防洪预案一般包括洪水处理预案、防洪调度预案、洪水预报预案、通信保障预案、物资供应调度预案、滞洪区（滩区）迁安救护预案、水库汛期调度计划、在建工程的度汛计划等。防洪预案是一个动态计划，它将随着对洪水的认识、工程措施的变化等新的情况的改变需要不断调整。防洪预案是否合理关系重大，直接影响到防汛斗争的成败，各级防汛指挥机构都应十分重视，2003 年之所以能取得抵御淮河洪水的胜利，跟防洪预案的正确合理是密不可分的。

黄河防汛指挥部 1999 年的防洪预案对于不同级别洪水制定了相应的对策，这里简要介绍较大洪水的应对计划：

（1）对于花园口站 10 000 m^3/s 以下洪水，利用河道泄洪。

（2）花园口站发生 10 000 ~ 15 000 m^3/s 的洪水，需要控制艾山站洪峰流量不超过 10 000 m^3/s，除使用河道泄洪外，还需根据黄河洪水的情况与汶水的组合情况，确定使用东平湖水库的方式。

（3）花园口站发生 22 000 m^3/s 以上洪水时，除充分利用东平湖调蓄，还要根据实际情况确定是否运用北金堤滞洪区、大功分洪区，如果需要运用北金堤滞洪区、大功分洪区须经国务院批准。

第三节　汛情收集处理

要确保防洪安全，就要加强水利调度，及时掌握暴雨洪水信息，快速传达调度指挥决策，才能取得抗洪斗争的胜利。要与洪水做斗争，只有“知己知彼”，才能“百战百胜”。“知己”就是要对所管辖范围内的堤防、分蓄洪区、沿堤涵洞等工程的防洪标准、抗洪能力、重点险工险段存在的问题、洪水调度方案及实施步骤、防汛队伍、器材储备及分布情况了如指掌；“知彼”就是及时了解流域降雨分布、降雨量、降雨强度和历时、天气发展趋势及后续降雨情况（雨情）、洪峰流量及持续时间、洪峰传播、各地防汛准备工作落实等。由此可见，在汛期，需要及时而有效地对各种信息收集、传递和处理。这就要建设畅通可靠的通信网络，才能及时作出洪水预报，实时进行指挥调度，为防汛抗洪争取宝贵时间。汛情的收集与处理是整个防洪系统的基础，汛情数据是否迅速准确直接关系到防洪系统的正常运用和调度。

一、雨情、水情、工情的收集

（1）雨情：靠分布各地的气象站收集，气象站的密度我国尚无具体标准，苏联将气象站分为一级站、二级站和三级站，站间距离分别为 150 ~ 200 km、50 ~ 60 km、25 ~ 30 km，山区减半。

（2）水情：沿河水情可以根据流域降雨资料，通过产汇流计算进行估计，直接而较准确的水情要靠沿河设立的水文站和水位站进行观测。水文站的设置可参考世界气象组织的建议(见表4-3),水位站则应根据各河段水流特性及实际需要设立,在汛期防汛部门还常常加设临时水位站。例如,黄河在三门峡至花园口区间就建立了37个水文(位)站、23个雨量站,共60个站点,可以提供水情、雨情。

表4-3 不同地区水文站点布置密度

地区分类	最小站网密度(每站控制面积,km^2)	困难条件下临时站密度(km^2)
温带远离海岸及热带平原地区	1 000~2 500	3 000~10 000
温带远离海岸及热带地区	300~1 000	1 000~50 000
水网密度大、降雨规则的多山岛屿	140~300	1 000~50 000
干燥地区	3 000~5 000	

(3)工情:工情主要由防汛职能单位收集和掌握。

二、汛情信息的传递与处理

建立防洪通信网络,在洪水预警预报、正确调度方面具有极其重要的作用。报汛规定设防水位以下、设防水位、警戒水位和危险水位分别按每日1段、2段、4段和8段制执行。特大洪峰期,每小时水位均加测加报,洪峰及涨水位也要加测加报。

目前,我国不少地区仍以电报电话报汛,尽管防汛期间这类报汛电报均作急件处理,但一般也要花3~4 h,如遇恶劣天气,则常发生漏测和漏报。为了提高报汛速度,需设置专用电台、电话专用线或租用邮电部门的电传机。

为了提高信息传递速度和准确度,近年来我国引进了水文遥测系统和测雨雷达等先进设备,遥测系统已在一些水库试验。

除雨情、水情信息传送外,气象信息对监测暴雨大小和发展极为重要。近年来,我国一些流域和重要水库通过直接接受中央气象台、欧洲气象中心和日本气象台发布的天气图、气象传真图以及我国气象卫星传送的云图进行分析判断。对洪水泛滥范围、城镇工矿受灾情况、不同受灾程度、农作物的区分等最快的办法是利用遥感技术对资源卫星图像进行处理。目前,我国尚不能直接接受资源卫星的信息,需要向外国购买磁带或图像,最快也要一个月时间才能获得,显然不能满足防洪抗灾要求的。为了及时掌握定点险工的发展情况,正确指挥险情的抢护,水利部和黄河水利委员会已引进了静电图像传输设备,这套设备只要用一般的电话线路就可以将现场实况的图像传递到防汛指挥部门。

三、汛情通信网络

汛情数据的及时传输依赖通信网络的可靠和及时,为此水利防汛系统通信网络一般分为三个系统,并有一定的规划原则。

(一)干线通信网络系统

干线通信网络系统主要承担水利系统的业务管理和防汛部门的指挥调度任务,由国家防汛抗旱总指挥部、水利部至各流域机构和各省、自治区、直辖市的所在地连成干线通信网，主要由数字微波通信、卫星通信等方式组成。在此基础上，配置特高频、一点多址微波、光纤、移动通信、短波电台等多种通信方式完善干线通信网，多种通信手段相互补充、相互完善。为了提高干线通信网络系统的效率，在重要的管理职能部门和干线的重要结点配备交换机，以构成自动拨号通信系统。

干线通信网一般分为三级：

一级通信网是以国家防汛抗旱总指挥部、水利部为中心，连接各流域机构、直属水利工程管理单位、重点防洪省、自治区、直辖市水利枢纽的通信网。

二级通信网是以流域机构或省、自治区、直辖市水利和防汛部门为中心，连接重点防洪地区和直属水利工程管理单位、大型水利枢纽的通信网。

三级通信网是以省、自治区、直辖市水利、防汛部门至地区、县以及下属防洪工程、水利枢纽、水文台站的通信网。

水利、防汛系统的干线通信网，一方面以水利、防汛本系统为主自行建设，同时要充分利用邮电、水电部门建设的通信系统。在防汛期间还要利用电力、石油、交通、公安、部队等通信手段为防洪服务。解决上述电路的通信接口一般可利用小容量微波、特高频、电缆、光纤和租用市话电路来实现，构成完整的通信网。

(二)水情测报通信系统

每个地区的水情报汛手段，大部分是依靠邮电部门的电信线路。即由当地水文情报和预报信息传到当地邮电局，按邮电部门流程处理，即按 R 类电报(二类报)报送上级防汛和水文单位、各流域机构、有关水利管理单位。这种依靠邮电系统公共通信电路传递水文情报的方式是当前的主要报汛手段。

水情自动测报系统，在暴雨洪水集中、汇流时间短、洪水关系重大的防洪地区以及大型水利枢纽的上游利用已建成的干线通信电路，配合支线通信，或者自成体系，组成自动测报系统。自动测报是水情自动化测报的手段，由采集、处理到提供使用都实行数字化。在测报系统中心站和分中心站配备计算机，将水文、水情自动测报的数据传输到计算机处理系统，以加快水情数据的传递，提高水情的准确性。

自动测报系统一般由以下系列组成：①传感系统。由若干个雨量站、水位站组成，含有雨量、水位采集、传感器、模数转换的设备。②传输系统。传送各种水情数据、控制信号、监测信号等，可由无线、有线通信方式完成。③计算机系统。负责水情测报系统全部程序管理，以及监测、数据处理、模型处理。

(三)防洪警报系统

防洪重点和受洪水、台风威胁地区的警报系统应与通信相结合，多为独立系统。同时，在汛期还应利用电力、邮电、广播电视、交通、公安、部队等部门的通信手段为防汛警报服务。警报通信网的建设，可因地制宜地采用多种手段，如微波、超短波、短波、卫星、光纤通信、一点多址、移动通信、无线通信等方式。目前，蓄滞洪区警报网多是以县为中心，用有线、无线通信的方式向乡、村、居民传达警报信息。蓄滞洪区警报网的建设，要突出重点，采取固定和移动相结合，“平战”结合，做到及时、可靠，为防洪安全服务。

第四节　水库防洪调度

水库是对洪水起重要控制作用的防洪工程措施。利用水库调蓄洪水、削减洪峰,对提高江河防洪标准、减轻或避免洪水灾害,起着十分重要的作用。目前,全国已有为数众多的各类水库,随着兴建和投入运用的水库数目的迅速增长,水库自身安全度汛和如何利用水库的库容对洪水起到有效的调蓄作用已成为我国防洪中的重要问题。在长期的防洪工作中,我国对水库防洪调度问题开展了许多研究工作,积累了很多有益的经验。中华人民共和国水利部先后颁布了《水库工程管理通则》、《综合利用水库调度通则》、《水库洪水调度考评规定》等规章、规程,对我国水库防洪调度科学技术水平的普及和提高,起着积极有效的指导和促进作用。水库防洪调度是水库防洪预案的重要组成部分。水库调度包括防洪调度与兴利调度,本节只介绍防洪调度。

目前,随着世界范围高新技术的迅猛发展,现代通信技术和计算机技术等先进的科技手段近年来已在我国大型水库中采用和逐步推广。目前,我国已有一批大型水库和少数中型水库建立了水情自动测报系统,并逐步利用计算机网络开展水情信息处理洪水预报、调洪计算及调度决策等工作,对水库调度水平的不断提高起着积极的推动作用。但是,就全国情况看,各地水库防洪调度工作发展不平衡,总的看来调度的科学水平还有待提高。

一、水库防洪调度的任务

水库防洪调度的任务是,根据规划设计确定的水库安全标准、下游防护对象的防洪标准、防洪调度方式、各项防洪特征水位以及库容曲线,对入库洪水进行合理调蓄,以达到保障大坝安全和满足下游的防洪要求。防洪调度必须在防汛指挥机构的指挥下进行。

水库调度需要的基本资料包括库容曲线、设计洪水、泄流曲线、下游河道安全泄量。

为确保水库水工建筑物的安全,当水库遭遇大坝安全设计标准的洪水时,水库的最高调洪水位应不超过设计洪水位,与此相应的水库运行状况仍属于水库正常运用;当水库遭遇超大坝设计标准的特大洪水时,水库水位将超过设计洪水位,而处于水库非常运行状况;当水库遭遇超大坝设计标准的洪水时,应确保大坝安全,并尽量减轻下游的洪水灾害损失。对于这种非常运用情况,应充分利用泄洪设施(包括非常溢洪道)泄洪,以控制发生校核洪水时,水库水位不超过校核洪水位。

水库投入运用后,若流域水文情况、水库工程设施状况、下游河道状态、防洪任务等方面发生重大变化时,应及时提出对水库的参数、洪水调度方式及防洪调度规则进行复核和修订,以确保水库防洪调度满足安全要求。

二、水库安全标准与防护对象的防洪标准

水库安全标准是指设计水工建筑物所采用的洪水标准,可用洪水重现期(或出现频率)表示。水工建筑物的洪水标准分正常运用和非常运用两种情况,与前者相应的洪水称为设计洪水;与后者相应的洪水为校核洪水。

水工建筑物的洪水标准应按水利枢纽工程的"等"及建筑物的"级",参照部颁《水利

水电枢纽工程等级划分及设计标准》(SL 252—2000)规定，确定其相应的洪水标准。该标准根据水利水电工程的规模、效益和在国民经济中的重要性将其划分为五等；又根据水工建筑物所属的工程等别及其在工程中的作用和重要性划分为五级。表4-4为根据工程保护对象的情况制定的水利水电工程分等指标。

水利水电工程分等应根据防护对象的重要性、历次洪水灾害及其对政治经济的影响，按照国家规定的防洪标准范围，经分析论证后，与有关部门协商选定。

表4-4 水利水电工程分等指标

工程等别	工程规模	分等指标						
		水库总库容(亿 m^3)	防洪		治涝	灌溉	供水	发电
			保护城镇工矿企业的重要性	保护农田面积(万亩)	治涝面积(万亩)	灌溉面积(万亩)	供水对象重要性	装机容量(万kW)
Ⅰ	大(1)型	≥10	特别重要	≥500	≥200	≥150	特别重要	≥120
Ⅱ	大(2)型	10~1.0	重要	500~100	200~60	150~50	重要	120~30
Ⅲ	中型	1.0~0.1	中等	100~30	60~15	50~5	中等	30~5
Ⅳ	小(1)型	0.1~0.01	一般	30~5	15~3	5~0.5	一般	5~1
Ⅴ	小(2)型	0.01~0.001		<5	<3	<0.5		<1

注：1. 水库总库容是指水库最高水位以下的静库容。

2. 治涝、灌溉面积等均指设计值。

必须指出，对于水库安全标准一般应采用入库洪水，如因资料等方面的原因而改用坝址洪水时，应估计二者的差异对水库调洪计算结果的影响。防护对象、防洪标准应采用防洪保护区相应河段控制断面的设计洪水，该设计洪水由水库坝址以上流域及坝址至控制断面之间的区间两部分洪水组成，应考虑二者的不同组合类型及其对水库调洪计算结果的影响。

三、水库的防洪特征水位

水库的防洪特征水位包括防洪限制水位、防洪高水位、设计洪水位和校核洪水位。确定这些防洪特征水位是规划设计阶段的任务之一。对于综合利用水库而言，确定防洪特征水位时，必须根据水库的兴利任务，如灌溉、城镇和工业供水、水力发电等引用水要求，以及水库的防洪任务与水工建筑物的安全标准，分析河流的径流变化规律，考虑兴利库容与防洪库容可能结合的程度，还必须配合水利枢纽建筑物布置中对泄洪建筑物的型式、尺寸、高程的选择，拟定水库调洪的运用方式，进行洪水调节计算。

(一)防洪限制水位

防洪限制水位是汛期水库为兴利目的蓄水允许达到的上限水位。该水位在规划设计中作为水库调洪计算的起始水位。在水库运行阶段，汛期末出现洪水时，应严格控制水库蓄水不超过防洪限制水位。出现洪水时，入库洪水流量大于水库的出库流量，使水库水位超出防洪限制水位,利用水库防洪限制水位以上部分的容积拦蓄洪水,起滞、蓄洪和削减洪峰流量的作用。一旦洪水调节过程出现了水库调洪最高水位之后的水位消落期,要求水库按合理确定的泄洪流量,尽快使水库消落至防洪限制水位。

必须根据河流水文规律,分析和确定防洪库容与兴利库容是否可能结合使用,以及可结合的程度,以便合理确定防洪限制水位的高程。若二者不能结合使用,那么防洪限制水位即为防洪库容与兴利库容的分界水位,即防洪限制水位与兴利库容的上限水位(正常蓄水位)重合。

(二)防洪高水位

防洪高水位是指出现与下游防洪保护对象防洪标准相应的设计洪水时,为确保下游防洪安全而进行水库洪水调节过程,水库出现的坝前最高调洪水位。防洪高水位至防洪限制水位之间的水库容积称为防洪库容。当出坝的洪水不超过与下游防洪保护对象防洪标准相应的洪水时,可利用防洪库容调控入库洪水,使水库控制下泄流量与坝址至防洪点之间的区间来流量之和不超出河道安全泄量,以确保满足下游防洪标准的安全要求。

水库在汛期控制运行中,必须将防洪高水位作为一个重要的控制水位。当出现的洪水不超过下游防洪标准时,应控制水库最高蓄水位不超过此水位,同时应确保下游的防洪安全。当出现超下游防洪标准的大洪水时,水库蓄水将超出防洪高水位。一旦出现这种情况,水库应尽快改变运用方式,不再是以满足下游防洪要求为目的,而应该转变为从水库的安全要求出发,合理加大水库的泄洪流量。也就是说,出现这种超防洪标准的大洪水时,水库安全已成为首要的任务,下游发生洪水灾害损失已在所难免。

(三)设计洪水位和校核洪水位

设计洪水位和校核洪水位是根据水库安全标准规定采用的设计洪水和校核洪水分别来确定的防洪特征水位。设计洪水是指当出现与水工建筑物设计洪水相应标准的入库洪水时,水库调节洪水的过程出现的坝前最高蓄洪水位。它是水库正常运用情况下允许达到的最高蓄水位。校核洪水位是指出现与水工建筑物校核洪水相应标准的入库洪水时,水库调节洪水过程出现的坝前最高蓄洪水位。它是水库非常运用情况下允许临时达到的最高蓄水位。规划设计中以此水位作为大坝安全校核的依据。校核洪水位至防洪限制水位之间的水库容积称为调洪库容。校核洪水位以下的水库全部容积称为水库的总库容。

四、水库调洪方式

水库泄放流量的时程变化称为水库调洪,它按基本情况可分为以下几种基本调洪方式。对于下游没有防洪要求的水库只要求确保水库本身的安全,下游有防洪任务的水库还要求尽量满足下游防洪的要求。

(一)固定泄量调洪方式

固定泄量调洪方式适用于下游有防洪任务的水库,水库坝址距防洪控制点较近,区间洪水较小的情况。固定泄量是指当洪水不超过下游防洪标准时,水库按河道安全泄量下泄洪水。

(二)防洪补偿调节

防洪补偿调节方式适用于水库坝址距防洪控制点较远,区间面积较大,区间产生的洪

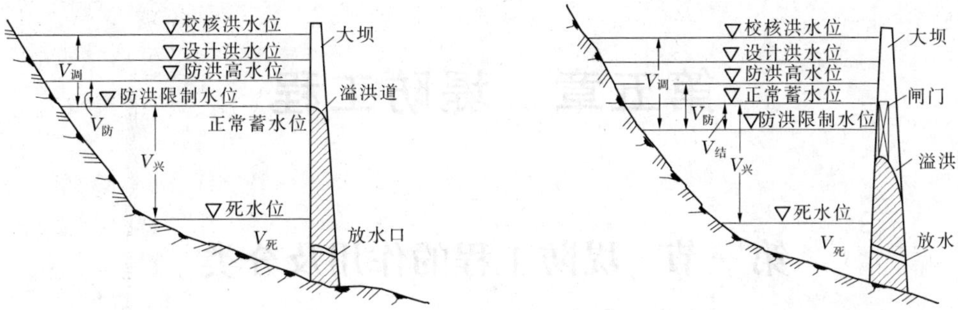

(a)防洪与兴利不结合　　(b)防洪与兴利结合

图 4-1　水库的特征水位图

水不可忽略时的情况。当洪水没有超过下游防洪标准时,水库应按区间流量的大小控制泄量,使水库泄量与区间洪水流量合成流量不超过防洪控制点的河道安全泄量。这种方式称为防洪补偿调节。

(三)错峰调洪方式

错峰调洪方式是根据区间洪峰可能出现的某一时间段,水库按小流量下泄,甚至不排泄洪水,以避免区间洪水与水库泄量组合出现超过防洪控制点的安全泄量。这种方式必须合理确定限制的泄量以及开始错峰与停止错峰的时间。水库防洪补偿调节方式对流域水情、汛情预报要求很高,在没有十分准确的信息时只有采用错峰调洪方式。

(四)确保大坝安全的调洪方式

当遇到超过校核标准的洪水时,要及时向下游报警并尽可能采取紧急抢护措施,力争确保主坝和重要副坝的安全,慎重拟定启用非常泄洪措施,制订下游居民的转移方案,经有关部门审批后实施。

无论采取上述哪种调节方式,实施时都要留有适当余地,以利安全。

第五章 堤防工程

第一节 堤防工程的作用及分类

一、堤防的概念及作用

堤防是沿江、河、湖、海、排灌渠道,或分洪区、行洪区边界修筑的挡水建筑物。其断面形状为梯形或复式梯形。堤防的主要作用是约束水流、控制河势、防止洪水泛滥成灾,或抗御风浪、海潮入侵等。

目前,全国的堤防长度已达到25万km,其中主要堤防6.57万km。我国七大江河中下游两岸,现已形成完整的堤防系统,产生了巨大的减灾经济效益和社会、生态环境效益。例如,1998年长江中下游堤防工程的防洪减灾经济效益达4 067亿元,为1949~1998年间长江中下游防洪投入169亿元的24倍多。可见,堤防工程是一项投资回报率很高的工程。

从原则上讲,我国江河今后一般不宜再增建新堤和持续加高老堤,而应在现有堤防基础上进行加固,并充分利用各类分蓄行洪区解决超标准的洪水。此外,河道堤防建设还应尽可能地与交通、生态环境建设结合起来。例如,正在开展的黄河标准化堤防建设就是计划把黄河下游堤防逐步建成防洪保障线、抢险交通线和生态景观线,从而使黄河下游在堤防安全性增强的同时,也大力改善两岸的抢险交通和生态环境。

二、堤防工程的分类

堤防按其所处地位和作用不同,可分为河堤、湖堤、海堤、围堤、水库堤防和渠堤等6种。这6种堤防因其工作条件不尽相同,其设计断面也略有差别。对于河堤来说,因洪水涨落较快,高水位持续历时最长也不会超过两个月,其承受高水位压力的时间短,堤身浸润线往往不能发展到最高洪水位的位置,故堤防断面尺寸相对可以小些。湖堤位于湖泊四周,用以围垦湖滨低洼地带和发展水产事业,由于湖水位涨落缓慢,高水位持续时间较长,一般可达五六个月之久,且水面辽阔,风浪较大,堤身断面尺寸较河堤为大,且临水面应有较好的防浪护面,背水面须有一定的排渗设施。水库堤防随着水库的兴建而产生,多修筑在水库的回水末端或库区局部地段,用于减少占用耕地面积或搬迁村庄,水库的堤防断面设计一般与湖堤相同。围堤用于临时滞蓄超标准洪水,其实际工作机会远不及河堤和湖堤那样频繁,但修建标准一般应与河干堤相同。海堤仅在涨潮时或风暴引起海浪袭击时着水,高水位持续时间甚短,但由于风浪破坏作用较大,堤防断面也要求较大,并远较河堤坚固,海堤临水面一般设有消波效果较好的防浪设施,还多采用生物与工程相结合的保滩护堤措施。渠堤在灌溉、发电、航运、给水、排水等水利工程中被广泛采用,一般在临水面和渠底设有防渗减糙措施,断面相对最小。

本章以介绍河堤的规划设计为主,其原则也可用于其他类型的堤防。

河堤按其所处地位和作用不同,又可分为遥堤、缕堤、格堤、月堤或越堤等,如图5-1所示。遥堤又叫主堤或干堤,距河道主槽较远,堤身较厚,用于防御特大洪水,是防洪的最后一道防线,一般有专用名称,如黄河的北大堤、长江的荆江大堤等。缕堤又名民坑、民埝或生产堤,距河较近,堤身相对单薄,用于抗御较小的洪水,保护缕堤至遥堤间的滩地生产,洪水较大时,可能漫溢溃决。格堤为连接遥堤与缕堤的横向堤防,形成格状,一旦缕堤决口,使淹没范围仅限一格,同时可防止洪水沿遥堤形成串沟夺河,威胁干堤安全。月堤和越堤皆为依缕堤或遥堤进占或后退的月牙形堤防,当河身变动逼近堤防而保护河岸又有困难时,修建月堤退守新线;当河身变动远离堤防时,为争取耕地可修越堤,同时也为防洪增加一道新的前沿防线。除此之外,在防洪抢险时,为防止洪水漫越堤顶,临时在堤顶加修的小堤,又称子埝或子堤。

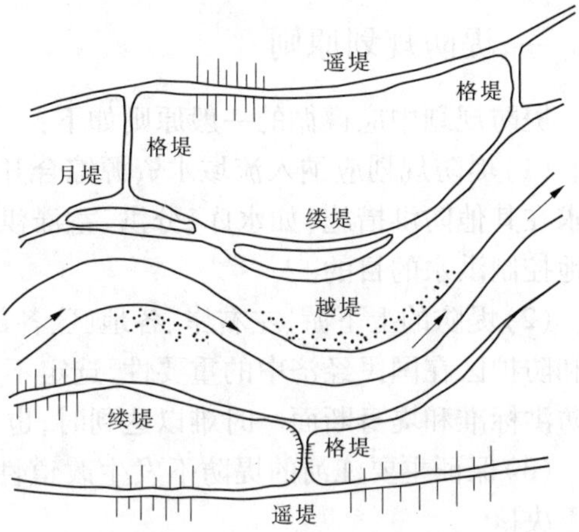

图5-1　黄河堤防示意图

三、堤防工程级别的划分

堤防工程级别取决于防护对象(如城镇、农田面积、工业区等)的防洪标准,一般应按照现行国家《防洪标准》(GB 50201—94)确定,堤防工程的级别可由表5-1查得。堤防工程的防洪标准应根据防护区内防洪标准较高防护对象的防洪标准确定,并进行必要的论证。一般遭受洪灾或失事后损失巨大,影响十分严重的堤防工程,其级别可适当提高;遭受洪灾或失事后损失及影响小或使用期限较短的临时堤防工程,其级别可适当降低。采用高于或低于规定级别的堤防工程应报行业主管部门批准;当影响公共防洪安全时,尚应同时报水行政主管部门批准。

表5-1　堤防工程的级别

防洪标准(重现期(年))	≥100	<100,且≥50	<50,且≥30	<30,且≥20	<20,且≥10
堤防工程的级别	1	2	3	4	5

另外,堤防工程上的闸、涵、泵站等建筑物及其他构筑物的设计防洪标准,不应低于堤防工程的防洪标准,并应留有适当的安全量。

第二节　堤防工程规划与设计

堤防工程的规划与设计主要包括堤线选择、堤顶高程和堤距的确定、堤身断面设计等。对于重要堤防，还须进行渗流计算、堤坡稳定分析和考虑渗流控制措施设计等。这些工作不仅限于新修堤防，也适于已建堤防的修复与改造。

一、堤防规划原则

堤防规划中应遵循的一般原则如下：

（1）堤防规划应纳入流域水资源综合开发利用规划中，防洪与国土整治和利用结合，力求在其他防洪措施（如水库、分洪、蓄滞洪等工程）的协同配合之下，达到最有效、最经济地控制洪水的目的。

（2）堤防的上下游、左右岸、各地区、各部门都必须统筹兼顾。根据不同河流、不同河段和防护区在国民经济中的重要性，选定不同的防洪标准和不同的堤身断面。当所选定的防洪标准和堤身断面一时难以达到时，也可分期分段实现。

（3）保证主要江河的堤防不发生改道性决口，并确保对国民经济关系重大的主要堤防不决口。

（4）规划中应考虑到当堤防受到特大洪水袭击时，对超标准洪水采取临时性分洪、蓄滞洪等处理措施，并对分、滞洪区内群众的安全、建设和生产、生活出路等均应妥善安排。

二、堤线布置与堤型选择

（一）堤线布置

堤线的布置直接关系到工程的安全、投资和防洪的经济效益，同时也应考虑到汛期的防守与抢险的便利。因此，在布置堤线时，应对河流的河势、河道演变特征、地质地貌条件以及两岸工农业生产和交通运输等情况进行详细的调查，以此作为堤防定线的依据。在具体设计中，应按照下述原则，进行多方案技术、经济论证后，择优选定。

（1）河堤堤线应与河势流向相适应，与大洪水的主流线大致平行，一个河段两岸堤防的间距或一岸高地一岸堤防之间的距离应大致相等，不宜突然放大或缩小；

（2）堤线应力求平顺，各堤段平缓连接，不得采用折线或急弯，在弯曲河段，堤线随岸线弯曲时，应选用较大的弯曲半径；

（3）堤防工程应尽可能利用现有堤防和有利地形，修筑在土质较好、比较稳定的滩岸上，留有适当宽度的滩地，尽可能避开软弱地基、深水地带、古河道、强透水地基；

（4）堤线应布置在占压耕地，拆迁房屋等建筑物少的地带，保护好文物遗址，有利于防汛抢险和工程管理。

（二）堤型选择

堤防工程的型式应按照因地制宜、就地取材的原则，根据堤段所在的地理位置、重要程度、堤址地质、筑堤材料、水流及风浪特性、施工条件、运用和管理要求、环境景观、工程造价等因素，经过技术经济比较，综合确定。

根据筑堤材料，可选择土堤、石堤、混凝土或钢筋混凝土防洪墙、分区填筑的混合材料堤等；根据堤坡型式，可选择斜坡式堤、直墙式堤或直斜复合式堤等；根据防渗体设计，可选择均质土堤、斜墙式或心墙式土堤等，如图 5-2 所示。

同一堤线的各堤段可根据具体条件采用不同的堤型。在堤型变换处应做好连接处

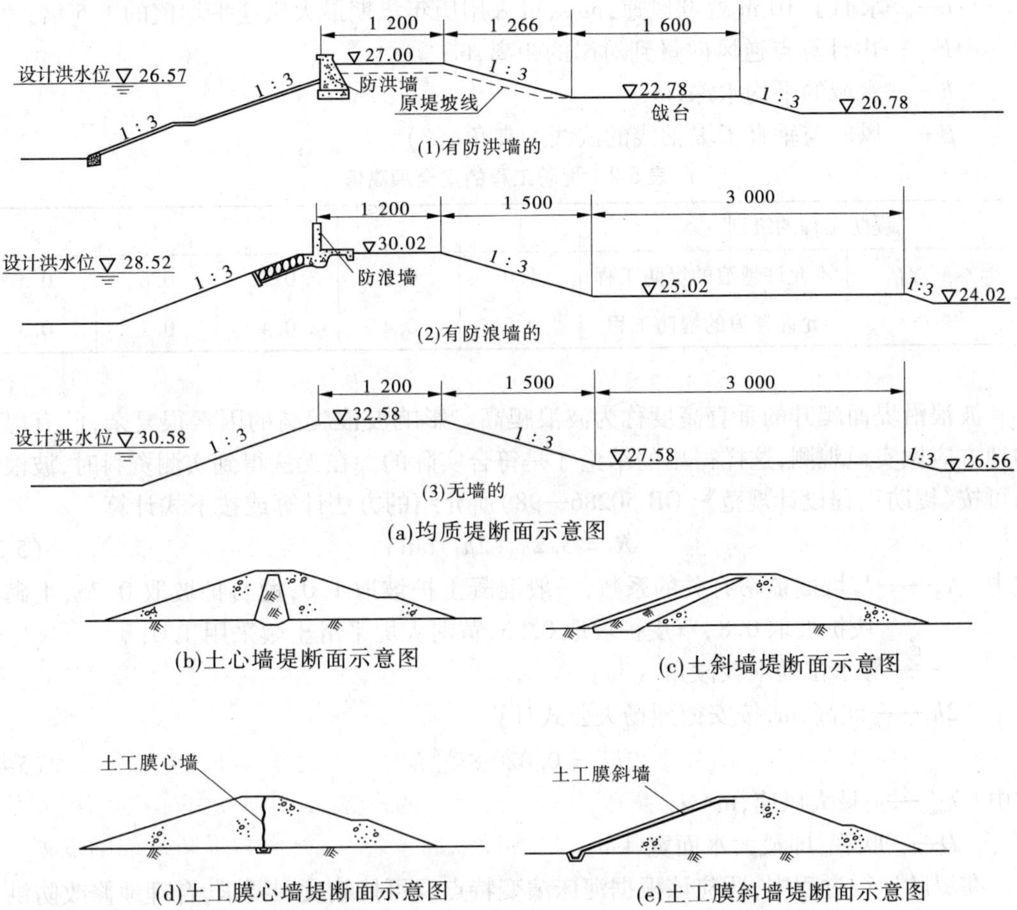

图 5-2　各种结构型式的堤身断面　（单位：高程，m；尺寸，cm）

理，必要时应设过渡段。

三、堤防设计

（一）堤顶高程的确定

堤顶高程为设计洪水位加堤顶超高。设计洪水位按国家现行有关标准的规定计算。堤顶超高按式(5-1)计算确定，且1、2级堤防的堤顶超高不应小于2.0 m。

$$\Delta H = R + e + A \tag{5-1}$$

$$e = \frac{kv^2F}{2gh}\cos\beta \tag{5-2}$$

式中　ΔH——堤顶超高，m；

R——设计波浪爬高，m；

e——风壅水面高度，即风壅水面超出原河水位的高度，m，按式(5-2)计算；

A——安全加高，m，应根据堤防工程的级别和防浪要求，按表 5-2 的规定确定；

k——综合摩阻系数，可取 $k = 3.6\times10^{-6}$；

v——水面上 10 m 处的风速，m/s，可采用历年汛期最大风速平均值的 1.5 倍；

F——由计算点逆风向量到对岸的距离，m；

h——水域的平均水深，m；

β——风向与垂直于堤轴线的法线的夹角，(°)。

表 5-2　堤防工程的安全加高值

堤防工程的级别		1	2	3	4	5
安全加高值(m)	不允许越浪的堤防工程	1.0	0.8	0.7	0.6	0.5
	允许越浪的堤防工程	0.5	0.4	0.4	0.3	0.3

波浪沿堤面爬升的垂直高度称为波浪爬高。影响波浪爬高的因素很复杂，已有堤防的地方应做实地观测，这样得出的结论才是符合实际的。在无法得到实测资料时，波浪爬高可按《堤防工程设计规范》(GB 50286—98)所介绍的方法计算或按下式计算

$$R = 3.2k_{\Delta}(2h_l)\tan\alpha \tag{5-3}$$

式中　k_{Δ}——与坡面糙率有关的系数，一般混凝土护坡取 1.0，抛石护坡取 0.75，干砌石块护坡取 0.8，草皮护坡取 0.85，黄河大堤平滑土壤采用 1.0；

α——静水位处坝坡倾角，(°)；

$2h_l$——波高，m，按安德烈扬夫公式计算

$$2h_l = 0.020\,8v_{max}^{5/4}D^{1/3} \tag{5-4}$$

式中　v_{max}——最大风速，m/s；

D——吹程，即最大水面宽，km。

在堤防运行过程中，还应该根据河床演变特点及可持续发展要求，合理地修改防洪设计水位，加高加固堤防。例如，长江中下游干流堤防，原设计水位按 1954 年实际洪水位控制，即采用沙市 45.00 m，城陵矶 34.40 m，汉口 29.73 m，湖口 22.50 m。对于城陵矶河段，鉴于 1966 年、1998 年的最高洪水位分别高出设计洪水位 0.61 m 和 1.40 m 的实际情况，为不影响武汉市及荆江防洪安全，近期规划考虑尽快在城陵矶附近先行建设能及时妥善容纳 100 亿 m^3 超额洪水的分蓄洪区，同时将堤顶高程增加约 0.5 m。

(二)堤距的确定

河流两岸之间堤距的确定是一个比较复杂的问题，首先考虑河道自然岸线及已有的堤防间的河宽，同时还需进行多方案比较。因为当泄流量一定时，堤距较大，则堤顶可低一些，节约土方工程，但因泄洪而占用了耕地；堤距较小，相应堤顶要高一些，虽然减少了泄洪占用的耕地，但堤防的工程量较大。除此之外，还应考虑河道的允许流速。通过以上因素综合分析，选择最经济、最合理的堤距。

堤距的确定，可参考下列计算方法进行几种方案的比较。图 5-3 为三种不同堤距方案，每一种方案在设计洪水流量下的水位，可按式(5-5)～式(5-8)试算确定。

$$Q_S = Q_1 + Q_2 + Q_3 \tag{5-5}$$

$$Q_1 = \frac{1}{n_1}B_1h_1^{5/3}J^{1/2} \tag{5-6}$$

$$Q_2 = \frac{1}{n_2} B_2 h_2^{5/3} J^{1/2} \tag{5-7}$$

$$Q_3 = \frac{1}{n_3} B_3 h_3^{5/3} J^{1/2} \tag{5-8}$$

式中 Q_S——设计洪水流量；

J——比降；

Q_1、B_1、h_1、n_1——主槽流量、河宽、平均水深及糙率，下标 2、3 分别对应左、右岸河滩的流量、河宽、平均水深及糙率。

试算时，根据设计洪水流量，先假设一个洪水位，将主槽和两岸滩地概化成矩形，如图 5-3（b）所示，求出 h_1、h_2、h_3，选择糙率 n_1、n_2、n_3，河道比降 J 及河宽 B_1、B_2、B_3 皆为已知，按式(5-6)～式(5-8)计算，求得 Q_1、Q_2、Q_3，如结果满足式(5-5)，即假定值无误，否则应重新假定一水位值，再进行试算，直至满足式(5-5)为止。当每一种方案的设计洪水位确定后，即可得堤顶高程，据此估计一定河段长度的堤防造价，并求出被保护面积的单位造价，从中选定最经济合理的方案。图 5-4 为堤防投资随堤身高度变化的关系，图中 1、2、3 分别代表第 1、2、3 方案，可以看出，第 2 方案为最经济的方案。

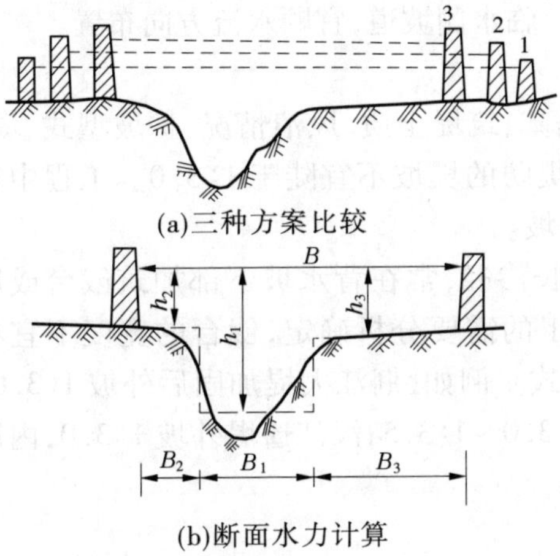

图 5-3　堤距设计示意图

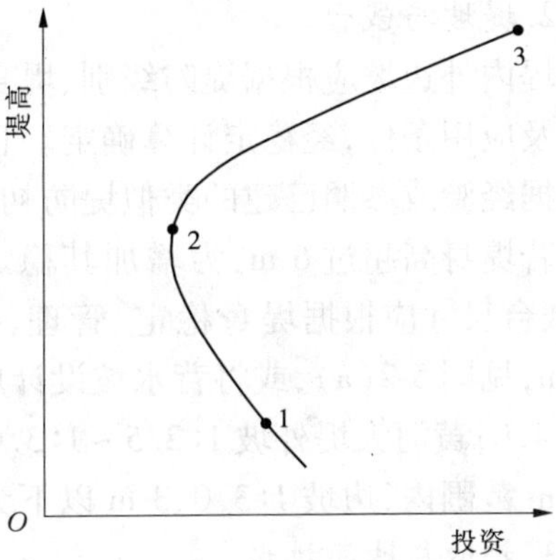

图 5-4　投资与堤高的关系

以上只是从经济效益方面考虑的一般堤距计算方法，另外还必须根据具体情况从多方面综合考虑，最后确定堤距。

例如，黄河下游大堤堤距达 15～23 km，远远超出计算所需堤距，这是因为考虑到洪水河槽除容泄洪水外，还有滞洪滞沙的作用；又如长江下荆江的堤距，也远大于其计算堤距，除考虑特大洪水行洪滞洪需要外，还考虑到堤防应建在河段的蜿蜒带以外。

（三）堤身横断面设计

堤身横断面一般为梯形，首先初步拟定断面尺寸（堤坡大小、堤顶宽度、堤顶高程），然后对典型堤段进行渗流计算和稳定校核，使堤身有足够的尺寸和稳定的边坡，以抵抗水平水压力，并在渗水达到饱和后不发生坍塌。堤防横断面设计要求大致与土坝相同，但由于其高度有限，且高水位持续历时一般不长，故要求略低。

1. 堤顶

堤顶宽度的确定需考虑洪水的渗径和汛期交通运输及防汛器材堆放的方便。汛期水位较高，若堤身过窄，渗径短，渗透流速大，渗水容易从堤背水坡腰逸出，造成险情。通常采用的堤顶宽度为：堤高在6 m以下，堤顶宽约3 m；堤高6~10 m，堤顶宽为4 m；堤高大于10 m，堤顶宽不小于5 m。险工段和主要江河的堤顶还要根据防汛要求适当加宽。例如，长江荆江大堤、南线大堤、无为大堤、汉江遥堤及武汉、南京等沿江重要城市堤防的堤顶面宽为8~12 m；黄河下游两岸临黄大堤，新中国成立以来经过三次大复堤，顶宽已达到7~12 m。堤顶路面结构，需根据防汛与管理的要求，并结合堤身土质、气象条件进行选择。可采用单层砌石、密实的碎石或砾石层、渣油，也可采用草皮护面。因受筑堤土源及场地的限制，在堤顶上游边缘可修建防浪墙，见图5-2(a)。防浪墙结构可采用干砌石勾缝、浆砌石、混凝土等，净高不宜超过1.2 m，埋设深度应满足稳定和抗冻的要求。无防浪墙时，应设置其他安全挡护设备，下游侧宜设缘石。为了排除雨水，堤顶应做成向一侧或两侧倾斜的横向坡度，坡度宜采用2%~3%。

根据防汛交通、存放料物等需要，在堤顶还需设置回车场、避车道、存料场，其具体布置可根据需要确定。根据防汛、管理和群众生产的需要，在堤坡上可设置上堤坡道。上堤坡道的位置、坡度、顶宽、结构可根据需要确定。临水侧坡道，宜顺水流方向布置。

2. 堤坡与戗台

堤内外边坡应根据堤防级别、堤身结构、堤基、筑堤土质、风浪情况、护坡型式、堤高、施工及应用条件，经稳定计算确定。且1、2级堤防的堤坡不宜陡于1:3.0。工程中往往先根据经验或参照已建的类似堤防初步拟定堤坡。

若堤身高超过6 m，为增加其稳定性和延长渗径，常在背水坡下部加筑戗台或压浸台，戗台尺寸应根据堤身稳定、管理、排水、施工的需要分析确定，戗台的宽度不宜小于1.5 m，见图5-2(a)，或将背水坡设计成变坡型式。例如，荆江大堤加固后外坡1:3.0，内坡1:4.0；黄河大堤外坡1:2.5~1:3.0，内坡1:3.0~1:3.5；汉江遥堤外坡1:3.0，内坡上部3 m范围内，边坡1:3.0，3 m以下为1:5.0。

3. 护坡与坡面排水

临水堤坡主要是防水流冲刷、波浪淘刷、冰和漂浮物的撞击破坏；背水坡主要防雨水冲刷等。

护坡的型式，1、2级堤防为江、河、湖、海干堤或重要支流堤，对水流冲刷或风浪作用强烈的重要堤段，临水坡一般采用砌石、混凝土或土工织物模袋混凝土等标准较高的护坡型式。背水侧护坡的型式根据当地的暴雨强度，并结合土质和堤高情况确定。一般情况下，临、背堤坡均可采用水泥土、草皮等造价较低的护坡型式。根据淮河水利委员会的经验，壤土堤防临水面的草皮护坡，可防御4级以下风浪和流速2 m/s以下的水流冲刷。我国各地有许多适用于当地条件的护坡型式，凡行之有效的，在设计中也可采用。

受风浪、水流等侵袭严重的堤防砌石护坡，其结构尺寸都要进行计算，以确保护坡的稳定可靠和经济合理。对高度低于3 m的1、2级堤防和3级以下堤防，其护坡结构尺寸主要根据构造和施工需要确定，一般可参照同类堤的护坡加以选定。

通常河堤挡水时间短，波浪不大，护坡下做一般垫层即能满足要求。有些风浪大、挡水时间长的堤，加厚垫层对护坡安全非常重要。堤脚转折处护坡受力复杂，且极易影响护坡的稳定，故在这些部位要设置坚固的基座。护坡和堤顶交界处易形成雨水顺垫层的渗流通道，造成堤身的冲刷，所以应设封顶。另外，在护坡体上还应设置排水孔和变形缝。

堤面排水设施是为安全排泄降雨径流而设置的，排水系统布置和尺寸可按堤防管理经验参照土坝确定。

4. 防渗与排水设施

土堤一般尽可能选取均质断面，只有当筑堤土料渗透性较强，不能满足渗流稳定要求时，才考虑防渗或排水设施。堤身防渗的结构型式，应根据渗流计算及技术经济比较合理确定，可采用心墙、斜墙等型式。适宜作防渗和排水的材料很多，需本着安全可靠、就地取材的原则选取，防渗材料可采用黏土、混凝土、沥青混凝土、土工膜等材料。

堤身的防渗体应满足渗透稳定以及施工与构造要求。顶部应高出设计水位 0.5 m；土质防渗体断面，应自上而下逐渐加厚，其顶部最小水平宽度不宜小于 1 m，底部厚度不宜小于堤前设计水深的 1/4。土质防渗体的顶部和斜墙的临水侧应设置保护层，保护层的厚度不应小于当地冰冻深度。

堤身的防渗与排水体的布设应与堤基防渗与排水设施统筹布置，并使两者紧密结合。堤身排水可采用伸入背水坡脚或贴坡滤层，滤层材料可采用砂砾料或土工织物等材料，如图 5-5、图 5-6 所示。砂砾石排水体的厚度或顶宽不宜小于 1 m。

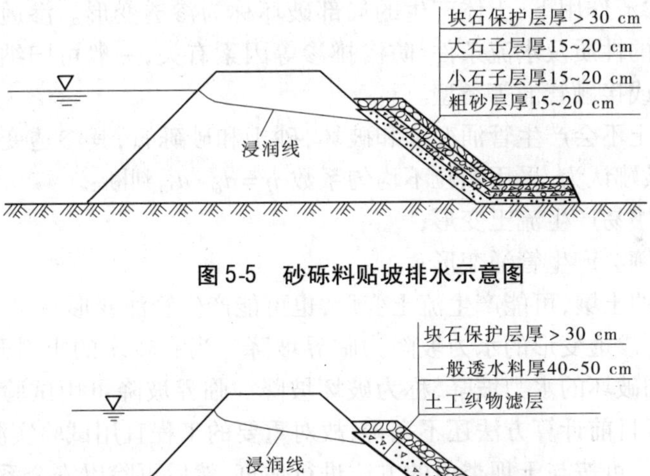

图 5-5　砂砾料贴坡排水示意图

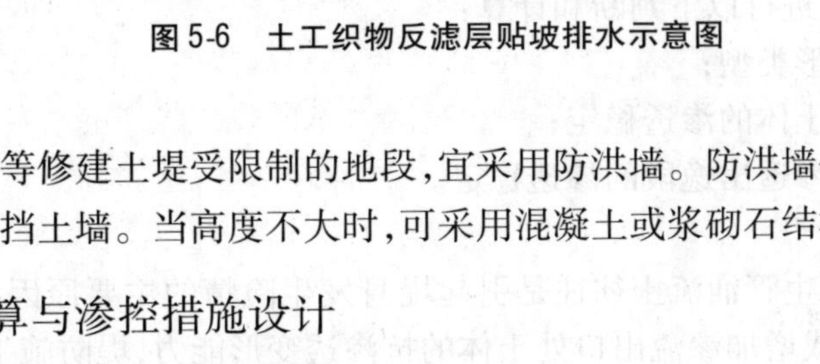

图 5-6　土工织物反滤层贴坡排水示意图

5. 防洪墙

城市、工矿区等修建土堤受限制的地段，宜采用防洪墙。防洪墙一般采用钢筋混凝土结构，结构计算同挡土墙。当高度不大时，可采用混凝土或浆砌石结构。

四、渗流计算与渗控措施设计

一般土质堤防在过水时间较长时，均存在渗流问题。同时，平原地区的堤防，堤基表层多为透水较弱的黏土或砂壤土，而下层则为透水性较强的砂层、砂砾石层。当汛期堤外水位较高时，堤基透水层内出现水力坡降，形成向堤内的渗流。在一定条件下，渗流会在背河堤坡表面或背河地面表土层溢出，如果堤防或堤防地基土颗粒被渗流带出，就形成管涌或流土，引起堤防险情和破坏。因此，在堤防设计中，必须进行渗流分析和相应的渗控措施设计。

（一）渗流水力计算

土堤渗流计算断面应具有代表性，并对每个计算断面进行下列内容的计算（计算方法同均质土坝）：

（1）核算在设计洪水持续时间内浸润线的位置。当在背水侧堤坡逸出时，计算出逸点的位置、逸出段的出逸比降。核算堤基内及出逸处的渗透比降。

（2）当堤身、堤基土渗透系数 $k \geqslant 10^{-3}$ cm/s 时，计算渗流量。

（3）计算洪水水位降落时临水侧堤身内的自由水位。

堤防渗流计算考虑的水位组合有：

（1）临水侧为设计洪水位，背水侧为相应水位；

（2）临水侧为设计洪水位，背水侧为低水位或无水；

（3）洪水降落时对临水侧堤坡稳定最不利的情况。

（二）渗透稳定计算

堤身及堤基在渗流作用下，土体产生的局部破坏称为渗透变形。渗透变形的型式及其发展过程，与土料的性质及水流条件、防渗排渗等因素有关，一般可归纳为管涌、流土、接触冲刷、接触流土或接触管涌等类型。

一般认为，黏性土不会产生管涌变形和破坏，砂土和砂砾石，其渗透变形型式与颗粒级配有关。伊斯托敏娜认为，采用颗粒不均匀系数 $\eta = d_{60}/d_{10}$ 判断：

（1）$\eta < 10$ 的土壤易产生流土变形；

（2）$\eta > 20$ 的土壤会产生管涌变形；

（3）$10 < \eta < 20$ 的土壤，可能产生流土变形，也可能产生管涌变形。

使土体开始产生渗透变形的水力坡降为临界坡降。当有较多的土料开始移动，产生渗流通道或较大范围破坏的水力坡降，称为破坏坡降。临界坡降可用试验方法或计算方法加以确定。但由于目前计算方法还不完善，故对重要的工程宜用试验实测方法来确定。在缺乏试验的条件下，可按与土坝类似的方法进行估算，然后再除以安全系数作为安全允许坡降，安全系数根据工程的重要性和筑堤土料的性质等条件查有关规范确定。

渗透稳定计算应进行以下判断和计算：

（1）土的渗透变形类型；

（2）堤身和堤基土体的渗透稳定；

（3）堤防背水侧渗透出逸段的渗透稳定。

（三）渗控措施

堤防渗透变形产生管涌流土往往是引起堤身发生险情的主要原因。为此，必须采取措施，降低渗透坡降或增加渗流出口处土体的抗渗透变形能力，堤防施工中要选择合适的土料和严格控制施工质量，对于已建的工程主要采用“外截内导”的方法治理。

1. 截渗墙

截渗墙作为一项防渗技术，过去的堤防工程中未曾应用，主要是墙体太厚、造价太高。随着薄层截渗墙（厚≤30 cm）技术的出现，截渗墙在堤防加固中得到较广的应用。薄截渗墙墙体材料主要为水泥土及塑性混凝土，既可满足堤防抗渗要求，又可降低造价。按成墙方式的不同，可大致分为开槽转换法、深层搅拌法、变压喷射法和振动挤压法四种。

2. 上游铺盖

在堤防临水面堤脚外滩上修筑连续的黏土铺盖，以增加渗径长度，减小渗流的水力坡降和渗透流速，是目前工程中经常使用的一种防渗技术。铺盖的防渗效果取决于所用土料的不透水性及其厚度。根据经验，铺盖宽度为临河水深的15～20倍，厚度视土料的透水性和干容重而定，一般不小于1.0 m。

3. 堤背防渗盖重

当背河堤基透水层的扬压力大于其上部不透水层的有效压重时，可采取填土加压、增加覆盖层厚度的办法来抵抗向上的渗透压力，并增加渗径长度，消除产生管涌险情的条件。盖重的厚度和宽度，可依盖重末端的扬压力降至允许值的要求设计。

近些年来，在黄河和长江的一些重要堤段，采用堤背放淤或吹填法增加盖重，同时起到固堤整险和改良农田的作用。

4. 堤背脚滤水设施

对于洪水持续时间较长的堤防，堤背脚渗流出逸坡降达不到安全容许坡降的要求时，可在渗水逸出处修筑滤水戗台或反滤层、导渗沟、减压井等工程。滤水戗台通常由砂、砾石滤料和集水系统构成，修筑在堤背后的表层土上，增加了堤底宽度，并使堤坡渗出的清水在戗台汇集排出。反滤层设置在堤背面下方和堤脚下，它通过拦截堤身和从透水性底层土中渗出的水流挟带的泥沙，防止堤脚土层侵蚀，保证堤坡稳定。堤背后导渗沟的作用与反滤层相同。当透水地基深厚或为层状的透水地基时，可在堤坡脚处修建减压井，为渗流提供出路，减小渗压，防止管涌发生。

五、堤坡抗滑稳定分析

抗滑稳定计算应根据不同堤段的防洪任务、工程等级、地形地质条件，结合堤身的结构型式、高度和填筑材料等因素选择有代表性断面进行。堤坡抗滑稳定分析方法同土坝抗滑稳定分析方法一样，采用瑞典圆弧滑动法或复合滑动面法。

土堤抗滑稳定计算应考虑下列工况：

(1)正常情况。

①设计洪水位下的稳定渗流期或不稳定渗流期的背水侧堤坡；

②设计洪水位骤降期的临水侧堤坡。

(2)非常情况。

①施工期的临水、背水侧堤坡；

②多年平均水位时遭遇地震的临水、背水侧堤坡。

六、堤防与各类建筑物的交叉、连接

建筑物穿过堤身必将增加堤防的不安全因素，所以应尽量避免穿堤型式而选用跨堤型式。当建筑物(涵闸、管道、泵站等)有穿堤需要时,则应尽量减少穿堤的数量,有条件的采取合并、扩建的办法处理,对于影响防洪安全的应废除或重建。

穿堤建筑物的变形对堤防的安全影响极大,为了减少基础的不均匀沉降变形,穿堤建筑物宜建在坚硬、紧密的天然地基上,或建在人工处理地基上,应采取措施使其安全;设置截流环、刺墙可以延长渗径长度和改变渗流方向,并在下游设反滤排水,可以有效地防止接触面渗透破坏。

压力管道使用时将会产生振动,且有可能在洪水期沿管壁与土堤结合处产生渗水。各类加热管道如输油管、供热管道等,将会造成管周填土干裂,影响堤防安全,所以都必须在设计洪水位以上穿堤。

桥梁、渡槽、管道等跨堤建筑物,其支墩不应布置在堤身设计断面以内。需要布置在堤身背水坡时,必须满足堤身设计抗滑和渗流稳定的要求。与堤顶之间的净空高度应满足堤防交通、防汛抢险、管理维修等方面的要求。

第三节 堤防施工

堤防施工的主要内容包括堤料选择与料场布置、施工放样与堤基清理、度汛与导流、堤身填筑、管理设施施工、质量控制、竣工验收等。

一、堤料选择与料场布置

堤料的选择原则,一方面要满足设计要求,另一方面应就地取材。一般黏性砂土及砂性黏土透水较小,容易压实,是筑堤的最好土料;砂土筑堤强度好,但透水性大,易发生管涌;黏土筑堤防渗性好,但易干裂、冻胀及滑坡。砂土、黏土均不宜单独用来筑堤。同分区土坝一样,用黏土料筑防渗体,用砂土料筑堤壳也是一种有效的方法。淤泥土、杂质土、冻土块、膨胀土等特殊土料,一般不宜用于筑堤身。另外,料场土料的自然含水量应与堤身压实最优含水量相适应,以保证压实质量;否则,应采取调节措施。表 5-3 为筑堤土料的最优含水量和最大干容重。

表 5-3　筑堤土料的最优含水量和最大干容重

土的类别	最优含水量(%)	最大干容重(kN/m^3)
砂土	8 ~ 9	17.7 ~ 18.4
砂壤土	9 ~ 15	18.1 ~ 20.1
粉砂	16 ~ 22	15.8 ~ 17.7
壤土	12 ~ 15	18.1 ~ 19.1
重壤土	16 ~ 20	16.4 ~ 17.6
粉质壤土	18 ~ 21	16.2 ~ 17.1
黏土	19 ~ 23	15.5 ~ 16.7

开工前，应根据设计要求、土质、天然含水量、运距、开采条件等因素选择取料区；料场土料的可采量应大于填筑需要量的1.5倍。筑堤取土要保护好堤防两侧的护堤地或表层的天然防渗铺盖，很多工程由于在天然铺盖区内取土，而将铺盖层挖穿，造成堤防背水侧十分严重的管涌破坏。所以，根据设计要求在临水侧滩地上取土时，宜由远而近，取土坑宜宽浅不宜窄深，在垂直堤轴线方向，每隔一定距离应留土埂或通道，以避免水流淘刷临水侧滩地上的取土坑而形成近堤串沟，危及堤身安全。取土最好与改田造地相结合。另外，不同粒径组的反滤料应根据设计要求筛选加工或选购，并需按不同粒径组分别堆放；取土区和弃土堆放场地应少占耕地，不得妨碍行洪和引排水。

土场位置应尽可能选择在临河外滩，因外滩取土可回淤还滩。堤内取土既挖弃耕地，又易滋生险情，确需堤内取土，也应与改田造地相结合。取土场不宜距堤脚太近，一般应在堤脚30 m以外。长江干堤的取土场，一般堤外在50 m以外，堤内在150 m以外；荆江大堤要求，堤外一律在距大堤平台脚70 m以外，堤内距堤脚300～500 m以外。

取土坑不宜太深，以防地表覆盖层严重破坏。堤外一般不超过2.0 m；堤内不超过1.0 m。堤外取土坑每隔30～50 m应留一条垂直堤线的土埂，以便作运土通道和避免在洪水期形成顺堤串沟，危及堤身安全，同时也有利于土坑的回淤。

二、施工放样与堤基清理

施工放样首先沿堤防纵向定中心线和内外边脚，并钉以木桩，误差不得超过规定值。根据不同堤形，相隔一定距离可设立一个堤身横断面样架，供施工人员参照。堤身放样时，应根据设计要求预留堤基、堤身的沉降量。

开工前应进行堤基清理，清理的范围包括堤身、铺盖、压载的基面，其边界应在设计基面边线外30～50 cm。堤基表层的不合格土、杂物等必须清除，堤基范围内的坑、槽、沟等应按堤身填筑要求进行回填处理。同时，耙松地表，以利堤身与基础结合。如果堤线必须通过透水地基或软弱地基，应对堤基进行必要的处理，处理方法同土坝地基处理。

三、度汛与导流

堤防工程施工期跨汛期施工时，度汛、导流方案应根据设计要求和工程需要编制，并报有关单位批准。其洪水标准可根据不同的挡水体类别和堤防工程级别，按表5-1采用。

挡水堤身或围堰顶部高程，按照度汛洪水标准的静水位加波浪爬高与安全加高确定。当度汛洪水位的水面吹程小于500 m、风速在5级(10 m/s)以下时，堤(堰)顶高程可仅考虑安全加高。安全加高按表5-4取值。

表5-4　堤防及围堰施工度汛、导流安全加高值

堤防工程级别		1	2	3
安全加高(m)	堤防	1.0	0.8	0.7
	围堰	0.7	0.5	0.5

四、堤身填筑

(一)常用筑堤方法

1. 土料碾压筑堤

土料碾压筑堤是将土料分层填筑碾压,用于填筑堤防的一种工程措施。它是应用最多的筑堤方法,是本章主要讲述的内容。

2. 土料吹填筑堤

土料吹填筑堤是将浑水或人工拌制的泥浆引至人工围堤内,降低流速,沉沙落淤,用于填筑堤防的一种工程措施。吹填的方法有自流吹填、提水吹填、吸泥船吹填、泥浆泵吹填等。

3. 抛石筑堤

抛石筑堤是利用抛投块石填筑堤防的一种工程措施。一般用在软基、水中筑堤或石料丰富的地区。

4. 砌石筑堤

砌石筑堤是采用块石砌筑堤防的一种工程措施。工程造价较高,一般用于重要堤防段或石料丰富的地区。

5. 混凝土筑堤

混凝土筑堤是采用浇筑混凝土填筑堤防的一种工程措施。工程造价高,用于重要堤防段。

(二)土料碾压筑堤

1. 铺料作业

铺料作业中,应按要求将土料铺至规定部位,严禁将砂砾料或其他透水料与黏性土料混杂。上堤土料中的杂质应予以清除,因为黏性土填筑层中包裹成团的砂砾料时,易形成堤身内积水囊,影响堤身安全;土料或砾质土可采用进占法或后退法卸料,砂砾料宜用后退法卸料;砂砾料或砾质土卸料时如发生颗粒分离现象,应将其拌和均匀;铺料厚度和土块直径的限制尺寸,宜通过碾压试验确定;在缺乏试验资料时,可参照表5-5的规定值;铺料至堤边时,应在设计边线外侧各超填一定余量,人工铺料宜为10 cm,机械铺料宜为30 cm。

表5-5 铺料厚度和土块直径限制尺寸

压实功能类型	压实机具种类	铺料厚度(cm)	土块限制直径(cm)
轻型	人工夯、机械夯	15~20	≤5
	5~10 t 平碾	20~25	≤8
中型	12~15 t 平碾 斗容2.5 m^3 铲运机 5~8 t 振动碾	25~30	≤10
重型	斗容大于7 m^3 铲运机 10~16 t 振动碾 加载气胎碾	30~50	≤15

2. 压实作业

施工前应先做碾压试验，验证碾压质量能否达到设计干密度值，若已有相似条件的碾压经验也可参考使用。分段填筑，各段应设立标志，以防漏压、欠压和过压。上下层的分段接缝位置应错开。碾压施工应符合下列规定：

（1）碾压机械行走方向应平行于堤轴线。

（2）分段、分片碾压，相邻作业面的搭接碾压宽度，平行堤轴线方向不应小于 0.5 m，垂直堤轴线方向不应小于 3 m。

（3）机械碾压时应控制行车速度，以不超过下列规定为宜：平碾为 2 km/h，振动碾为 2 km/h，铲运机为 2 挡。

（4）压实干密度、含水率的现场检查。黏性土可取土样以烘干法测出压实干密度、填筑含水率，砂砾石可通过挖坑置水法测出干密度，取样部位与数量可根据规范和具体情况确定，力求分布均匀、有代表性。按不同堤段划分的施工单元的压实质量合格标准应按表 5-6执行。

表 5-6　土堤施工的单元工程压实质量合格标准

堤型		筑堤材料	干密度合格率(%)	
			1、2 级土堤	3 级土堤
均质堤	新筑堤	黏性土	≥85	≥80
		少黏性土	≥90	≥85
	老堤加高培厚	黏性土	≥85	≥80
		少黏性土	≥85	≥80
非均质堤	防渗体	黏性土	≥90	≥85
	非防渗体	无黏性土	≥85	≥80

（5）机械碾压不到的部位，应铺以夯具夯实，夯实时应采用连环套打法，夯迹双向套压，夯压夯 1/3，行压行 1/3；分段、分片夯实时，夯迹搭压宽度应小于 1/3 夯径。砂砾料压实时，洒水量宜为填筑方量的 20% ~40%；中细砂压实的洒水量，宜按最优含水量控制；压实施工宜用履带式拖拉机带平碾、振动碾或气胎碾。

3. 填筑作业技术要求

在填筑作业中，为了增加堤身的抗滑稳定性，当地面起伏不平时，应按水平分层由低处开始逐层填筑，不得顺坡铺填；堤防横断面上的地面坡度陡于 1∶5时，应将地面坡度削至缓于 1∶5。土堤填筑施工接头容易形成质量隐患，要求分段作业面的最小长度不应小于 100 m，人工施工时段长可适当减短；相邻施工段的作业面宜均衡上升，若段与段之间不可避免地出现高差时，应以斜坡面相接；不论采取何种包工方式，填筑作业面应分层统一铺土、统一碾压，并配备人员或平土机具参与整平作业，不允许乱铺乱倒，严禁出现界沟；为了使填土层间结合紧密，减少层间的渗漏，当已铺土料表面在压实前被晒干时，应洒水湿润；用光面碾碾压实黏性土填筑层，在新层铺料前，应对压光层面做刨毛处理；填筑层检验合格后因故未继续施工，因搁置较久或经过雨淋干湿交替使表面产生疏松层时，复工前应进行复压处理；严禁先筑堤身后压载，其目的是防止堤身在施工中失稳或堤基破坏等质量事故发生，因为滑坡后再处理，将十分困难。

堤身全断面填筑完毕后，应做整坡压实及削坡处理，并对堤防两侧护堤地面的坑洼进行铺填平整。

4. 防渗工程施工

黏土防渗对于堤防工程来说主要是用在黏土铺盖上，而黏土心墙、斜墙防渗体方式在堤防工程中应用较少。黏土防渗体施工应在清理的无水基底上进行；并与坡脚截水槽和堤身防渗体协同铺筑，尽量减少接缝；分层铺筑时，上下层接缝应错开，每层厚以 15 ~ 20 cm 为宜，层面间应刨毛、洒水，以保证压实的质量；分段、分片施工时，相邻工作面搭接碾压应符合压实作业规定。

5. 反滤、排水工程施工

铺反滤层前，应将基面用挖除法整平，对个别低洼部分，应采用与基面相同土料或反滤层第一层滤料填平。反滤层铺筑应符合下列要求：

(1)铺筑前应做好场地排水，设好样桩，备足反滤料；

(2)不同粒径组的反滤料层厚必须符合设计要求；

(3)应由底部向上按设计结构层要求逐层铺设，并保证层次清楚，互不混杂，不得从高处顺坡倾倒；

(4)分段铺筑时，应使接缝层次清楚，不得发生层间错位、缺断、混杂等现象；

(5)陡于 1∶1的反滤层施工时，应采用挡板支护铺筑；

(6)已铺筑反滤层的工段，应及时铺筑上层堤料，严禁人车通行；

(7)下雪天应停止铺筑，雪后复工时，应严防冻土、冰块和积雪混入料内。

堆石排水体应按设计要求分层实施，施工时不得破坏反滤层，靠近反滤层处用较小石料铺设，堆石上下层面应避免产生水平通缝。

6. 接缝、堤身与建筑物接合部施工

施工工段之间，由于开工先后或施工速度不同，难免在工段划分桩号附近出现填筑高差，如不重视，很容易在土堤内部产生贯通裂缝，对这种接缝处理是确保工程施工质量的重要环节。垂直堤轴线方向的各种接缝，应以斜面相接，坡度可采用 1∶3 ~ 1∶5，高差大时宜用缓坡。土堤与岩石岸坡相接时，岩坡削坡后不宜陡于 1∶0.75，严禁出现反坡。

(1)在土堤的斜坡结合面上填筑时，应符合下列要求：

①应随填筑面上升进行削坡，并削表层虚土直至削至质量合格的填土；

②削坡合格后，应控制好结合面土料的含水量，边刨毛、边铺土、边压实；

③垂直堤轴线的堤身接缝碾压时，应跨缝搭接碾压，其搭接宽度不小于 3.0 m。

(2)土堤与刚性建筑物(涵闸、堤内埋管、混凝土防渗墙等)相接时，施工应符合下列要求：

①建筑物周边回填土方，宜在建筑物强度达到设计强度 50% ~ 70% 的情况下施工；

②填土前，应清除建筑物表面的乳皮、粉尘及油污等，对表面的外露铁件(如模板对销螺栓等)宜割除，必要时对铁件残余露头需用水泥砂浆覆盖保护；

③填筑时，须先将建筑物表面湿润，边涂泥浆、边铺土、边夯实，涂浆高度应与铺土厚

度一致，涂层厚宜为 3 ~ 5 mm，并应与下部涂层衔接，严禁泥浆干固后再铺土、夯实；

④制备泥浆应采用塑性指数 I_p 大于 17 的黏土，泥浆的浓度可用 1∶2.5 ~ 1∶3.0（土水重量比）；

⑤建筑物两侧填土，应保持均衡上升；贴边填筑宜用夯具夯实，铺土层厚度宜为 15 ~ 20 cm。

7. 土工织物作业

随着材料科学的不断发展，土工织物在堤防建设中得到广泛使用。根据土工织物在堤防中所承担的任务，可分为土工合成加筋材料（编织形土工织物、土工栅格、土工网）、防渗土工膜和作反滤层、垫层、排水层铺设的土工织物等。土工织物质量和工艺合格是十分重要的，因为土工织物铺设属隐蔽性工程，万一土工织物产品质量不合格，不仅会使铺设层失效，而且处理起来也十分麻烦。

（1）土工膜防渗施工应符合下列要求：

①铺膜前，应将膜下基面铲平，土工膜质量也应经检验合格；

②大幅土工膜拼接，宜采用胶接法黏合或热元件法焊接，胶接法搭接宽度为 5 ~ 7 cm，热元件法焊接叠合宽度为 1.0 ~ 1.5 cm；

③应自下游侧开始，依次向上游侧平展铺设，避免土工膜打皱；

④已铺土工膜上的破孔应及时粘补，粘贴膜大小应超出破孔边缘 10 cm；

⑤土工膜铺完后应及时铺保护层。

（2）土工织物作反滤层、垫层、排水层铺设时应符合下列要求：

①土工织物铺设前应进行复验，质量必须合格，有扯裂、蠕变、老化的土工织物均不得使用；

②铺设时，自下游侧开始依次向上游侧进行，上游侧织物应搭接在下游侧织物上或采用专用设备缝制；

③在土工织物上铺砂时，织物接头不宜用搭接法连接；

④土工织物长边宜顺河铺设，并应避免张拉受力、折叠、打皱等情况发生；

⑤土工织物层铺设完毕，应尽快铺设上一层堤料。

第四节　堤防管理

堤防的安全条件和土坝一样，受江河水位的涨落和流势的影响，常会引起迎水坡和滩地被顶冲淘刷甚至崩塌。另外，堤身施工中难免有质量达不到要求之处，且堤身大部分延绵于旷野，易遭人类活动、兽、虫等损害，存在堤防隐患，使堤防渐渐降低了防洪的标准。为了防止效益的降低，必须进行日常的检查、养护、适时地维修管理和绿化等工作。

一、堤防的检查

堤防的检查，包括外表检查和内部隐患检查。

（一）外表检查

外表检查又可分经常性检查和临时性检查等。

1. 经常性检查

经常性检查包括平时检查和汛期检查，平时检查时应着重检查堤防险工、险段及其变化情况和堤段上有无雨淋沟、浪窝、洞穴、裂缝、渗漏、滑坡、塌岸以及堤基有无管涌及流土等渗流现象。此外，还应检查新堵塞的路口、沟口的质量是否符合要求。

堤防上的涵闸等建筑物应与堤防检查同时进行，要注意涵洞、水闸等有无位移、沉陷、倾斜或裂缝，涵闸等与土堤联结部分有无沉陷、漏水与淘空等缺陷；并注意基础、护坦有无淘空或冲毁，引水渠有无刷深或淤积，必要时可抽水进行检查。涵闸启闭设备能否正常运行等。

2. 临时性检查

临时性检查主要包括在大雨中和台风、地震后的检查。检查时基本上应按平时检查内容，但应着重检查有无雨淋沟、跌窝、沉陷、淘脚、裂缝、崩塌及渗漏等。对于沿海地区的海塘（海堤）及江河有护岸工程的，还应对护岸工程进行检查。

3. 定期检查

定期检查包括汛前、汛后或大潮前后的检查。汛前或大潮前的检查除对工程进行全面、细致的检查，还应对河势变化、防汛物料、防汛组织及通信设备等进行检查。若发现工程有弱点和问题，应及时采取措施。汛后或大潮后，应对工程进行详细检查、测量，摸清堤防损坏情况。

有防冰凌任务的河道，在溜冰期间，应观测河道内的冰凌情况。

（二）内部隐患检查

内部隐患检查可采取人工锥探或机械锥探进行。

1. 人工锥探

人工锥探是我国黄河修防工人在实践中创造的，是了解堤内隐患的一种比较简单的钻探方法。人工锥探的主要工具为钢锥，是用直径 12 ~ 19 mm、长 6 ~ 10 m 的优质圆钢制成的。一端加工成上面是圆形、下面是五瓣或四瓣尖的锥头，其余部分为锥杆，由四人操作，从堤身或堤坡锥入内。打锥时主要凭感觉或音响以辨别锥头下的情况。进锥过程如遇到砂土、黏土、石块、砖头、树根、腐木及空洞等均能凭经验判定。采用人工锥探时，一般应注意以下各点：

（1）锥眼位置应根据具体情况作适当布置，一般可布置成梅花形，孔距 0.5 m；

（2）锥探应保证锥眼垂直，并达到需要的深度；

（3）为便于结合进行灌浆处理，锥眼应保证畅通无阻；

（4）打锥时如发现堤内有特殊情况，应插上明显标志，并做好记录，以便进一步追查与处理。

2. 机械锥探

机械锥探一般采用打锥机。打锥机由锥架、挤锥结构、锤卡结构及动力等四部分组成。锥杆长 11 m、直径 22 mm，锥头直径 30 mm，锥孔深 9 m，挤锥轴心压力 4 kN，挤锥速度 50 cm/s，动力为 5 ~ 10 马力（1 马力 = 0.735 kW）柴油机，总重量约 600 kg，锥架底部有活动车轮，移动方便。打锥机的进锥和提锥在结构原理上和普通钻机上的升降机结构原理大体相同，其操作方法如下。

1)挤压法

挤压法通常在土层中使用。将锥杆直接压入堤身,达到要求深度起锥,待锥头离开地面后,移动机架,更换孔位。在一般情况下,包括移动孔位时间在内每分钟可锥完一孔。

2)锤击法

锤击法通常在硬土层中使用。将锥杆立在孔位上,利用打锥机带动吊锤进行锤击,达到要求深度后,用打锤机起拔锥杆。

3)冲击法

冲击法通常在比较坚硬的土层中使用。先用锤击法压锥入地几十厘米后,使锥与锤联合动作,同时起锥提锤,进行冲击锥进。

上述三种方法中,第一种进锥最快,第三种穿坚力最强。其平均效率是:挤压法每台班300孔;冲击法每台班150孔。与人工锥探相比,提高工效3~5倍。不足的是,不易判别堤身隐患情况,且在堤坡上打锥也有一定困难。

(三)堤防隐患探测新技术简介

1. ZDT-1型智能堤坝隐患探测仪

该仪器是在电法探测堤防隐患技术进行研究的基础上,结合电子、计算机技术,完善、提高常规电法仪器的功能和技术指标,研制成功的集单片计算机、发射机、接收机等仪器于一体的高性能、多功能的新一代智能堤防隐患探测仪器,可测埋深与直径比为30:1,堤防普测速度可达100 m/(15 min)。

2. 用瞬变电磁法(TEM)和瞬态瑞雷面波(Rayleigh Wave)探测堤防软弱层

根据软弱层的物性特点,结合国内外先进物探技术,用瞬变电磁法(SD-1型瞬变电磁仪)快速普查软弱层分布范围;用瞬态瑞雷面波法对堤身相对强度、软弱层分布位置进行探测。探测深度可达30 m以上,分辨率可以达到1~2 m,并且可以提供各层土的动弹性模量、泊松比等动力参数。

3. 堤防洞穴、裂缝探测

原黄河水利委员会勘测规划设计研究院用于堤坝洞穴、裂缝探测的一种方法,将传统的直流电法中的一维探测扩展到二维,不仅解决了裂缝位置、顶部埋深、走向等问题,而且解决了裂缝下延深度及规模,使洞穴、裂缝探测技术更加完善;由单纯定位提高到定位、定性、成像、部分定量。探测精度高,裂缝探测深度超过10 m,洞穴探测分辨率超过了1:10(洞径与中心深度之比),且变分段测试为连续测试,变梯形有效区为矩形有效区,提高测试速度1倍以上。

4. 地质雷达探测堤坝隐患技术

地质雷达与军用探空雷达的工作原理相似,利用电磁波反射来判断地下的情况。高频电磁波在地下传播,遇到不同的物质目标,反射回来的波速、波频不同,通过计算机数据处理,透视地表以下50 m深度内的地质结构,精度极高。地质雷达及其电磁透视法应用于工程地质、灾害地质探测和环境地质评价。

二、堤防的养护

堤防的养护,除参照土坝的养护方法,还应注意以下各点。

（一）留护堤地

留护堤地是指在堤脚以外应留有适当宽度的护堤地。由于每条河流特性不同，堤防标准不尽一致，各地区的具体条件亦有差别，所以护堤地的宽度通常由各地主管部门参照历史情况做出规定。

（二）植草护坡

堤身一般应植草护坡。此外，沿江河起防洪作用的山包、高岗等，也要注意养护，植树种草以保持水土。

（三）消除隐患

当发现堤身有蚁穴、兽洞、坟墓及窑洞等隐患时，应及时进行开挖、回填或采用灌浆等方法处理。

（四）禁止用于其他用途

堤上不得耕耘，不得放牧，不得挖窖，不得开挖防空洞以及建造砖瓦窑等。

（五）交通限制

无路面的堤段，堤顶一般不作公路使用，如需要时应经上级批准后方可使用。

（六）确保行洪能力

必须严格遵守河道管理的各项规定，以维持河道泄洪能力，防止对堤防造成威胁。一般要求如下：

（1）严禁在河道内任意拦河打坝、筑坝挑流、修筑道路、修筑高渠和鱼塘等。如确因抗旱需要在重要河流筑坝拦水时，应事先报请上级领导部门批准。

（2）禁止向河内倾倒泥土、垃圾、灰渣、石块及工业废渣等物，防止堵塞河道和引起河道污染。河道内的杂草、芦苇、妨碍行洪的树木以及损伤闸坝工程的漂浮物等，均应彻底清除。

（3）在河道上修筑桥梁或码头时，必须保证不影响泄洪能力，并应报请上级有关主管部门同意后方可兴建。

（4）禁止在河道内或行洪区、蓄洪区内任意围筑圩垸。

（5）河滩上应按照规定的宽度和品种植树种草。种植矮秆农作物的，必须采用畦田与河道平行耕种，并切实做好水土保持工作。

（6）对于河道中影响行洪的阻水障碍物，如桥梁、码头、房舍、排灌站、土台、废堤以及有碍行洪的树木、芦苇等，有关单位必须及时采取伐除、拆除、迁移或改建等方式进行处理，以保持河道的泄洪能力。

三、堤防隐患的处理

（一）隐患的类形

堤防中的隐患通常有下述几种：

（1）动物洞穴。害堤动物有狐、獾、鼠、蛇等，其洞穴直径一般为10～50 cm，洞身纵横分布，有的互相连通或横穿堤身，形成漏水通道，危害堤防。

（2）白蚁穴。白蚁穴不但有直径大至0.8～1.5 m的主巢，而且周围还有许多副巢，副巢有的蚁路四通八达，甚至横穿堤身，水涨时水沿蚁路浸入堤身，即形成漏洞，引起塌坑,常常由此导致堤防决口。

(3)人为洞穴。人为洞穴主要有排水沟、防空洞、藏物窖、宅基、废井、坟墓等,这些洞穴往往埋藏在大堤深处,汛期一旦临水,很易发生漏洞、跌窝而引起堤身破坏。

(4)暗沟。修堤局部夯压不实,或留有分界缝,或用泥块填筑,造成堤身内部隐患,雨水或河水渗入后,逐渐形成暗沟,洪水时期极易产生塌坑和脱坡。

(5)虚土裂缝。修堤时由于土料选择不当,夯压不均匀,或培堤时对原堤坡未铲草刨毛,以致新旧土接合不紧或有架空现象,或由于干缩、湿陷而引起不均匀沉陷,一到汛期,也易产生渗漏及脱坡等险情。

(6)腐木空穴。堤内埋有腐烂树干、树根,年久形成洞穴,盘根错节的蔓延更广,危害也大。

(7)接触渗漏。堤上涵洞周围回填土质量不好,造成接触面产生裂缝漏水。

(8)堤基渗漏。由于口门堵复时埋藏的秸料、石料,或堤身与地基结合不好,或地基土层为管涌性土等因素,易产生堤基严重渗漏,引起管涌、流土,甚至脱坡等险情。

(9)堤内渊塘。当基础为透水地层时,渊塘长期积水,易于形成渗透破坏。

(二)处理措施

处理措施一般有灌浆和翻修两种。有时也可采用上部翻修下部灌浆的综合措施。

1. 充填灌浆

对于堤身蚁穴、兽洞、裂缝、暗沟等隐患,如翻修比较困难时,均可采用灌浆方法进行处理。一般可结合锥探进行。

充填灌浆的机理是:浆液在灌浆压力作用下,一方面可以挤开坝内土体,形成浆路,灌入对坝体中的裂缝、孔隙或洞穴均有良好的充填能力的浆液,同时在较高的灌浆压力作用下,可使裂缝两侧的坝内土体和不相同的缝隙也因土壤的挤压作用而被压密或闭合。

灌注的泥浆要求有足够的流动性,具有适当的凝固时间,在灌注过程中不凝固堵塞,灌注后又能较快凝固并有一定的强度;凝固时体积收缩量小,析出水分少,能与缝壁的土体胶结牢固。适宜的制浆土料以粉质黏土与重粉质壤土比较合适,黏粒含量为20%~30%,砂粒在10%以下,其余为粉粒。

泥浆的拌制,一般用湿法制浆,即将黏土浸泡4~8 h后,放入搅拌机中拌制泥浆。

对于堤表层可见的裂缝,孔位一般布置在裂缝的两端、转弯处、缝宽突然变化处及裂缝密集处。堤内部的裂缝宜在堤顶上游侧布置1~2排孔。孔距由疏到密,最终孔距以1~3 m为宜,孔深应超过缝深1~2 m,孔径为16~60 mm。灌浆的钻孔一般要求干钻以保护堤身。

一般的施灌工艺流程见图5-7。

充填灌浆相对其他灌浆方式压力要求较低,其大小要在施工前根据工程情况进行计算或通过试验确定。压力过小,裂缝充填不密实;压力过大,往往造成冒浆、裂缝,破坏堤防结构。灌浆的起始压力宜采用1.5~2.0倍设计压力,疏通被钻孔堵塞的缝隙,然后恢复正常压力。

黏土灌浆一般采用孔内纯压式。为了弥补压力低、浆液稀、泥浆体缩率高的缺点及避免在灌后重新在结合面上出现裂缝,一般需要灌浆历时长、复灌次数多、孔距密。这种

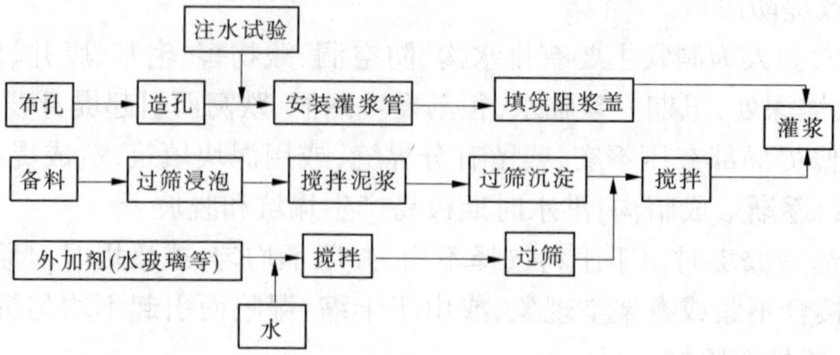

图 5-7　施灌工艺流程

“低压多复”的灌浆的方式可保证裂缝充填密实。

2. 劈裂灌浆

劈裂灌浆是利用堤身的最小主应力面和堤轴线方向一致的规律，以土体能被水力劈裂的原理，沿堤轴线布灌浆孔，在灌浆压力下以适宜的浆液（一般为泥浆）为能量载体，有控制地劈裂堤身，灌入浆液，在堤身形成密实、竖直、连续、有一定厚度的浆液防渗固结体，同时与浆脉连通的所有裂缝、洞穴等隐患均可被浆液充实。

堤身劈裂灌浆防渗处理多采用单排布孔，孔距 5 ~ 10 m。在弯曲堤段，则应适当缩小孔距。劈裂灌浆和锥探灌浆的浆液多采用土料浆，根据不同的需要，在灌浆中可掺入水泥和各种外加剂。灌浆孔口的压力大小，以产生沿堤线方向脉状扩散形成一连续的防渗体，但又不得产生有害的水平脉状扩散和变形为准，需由现场灌浆试验或施工前期确定，包括起始劈裂压力、裂缝的扩展压力、最大控制灌浆压力。堤防灌浆压力多为 0.1 ~ 1 MPa。堤身劈裂灌浆应少灌多次，分序灌浆，推迟坝面裂缝的出现和控制裂缝的开度，并在灌后能基本闭合。钻孔一次成孔，孔径一般为 60 ~ 130 mm 。所有灌浆钻孔均需埋设孔口管，以便施加较大的压力。

这种方法造价低廉、施工方便，但防渗体厚度较小、强度较低，适用于处理堤身浸润线出溢点过高，有散浸现象、裂缝（不包括滑坡裂缝）和各种洞穴的堤防加固中。

3. 翻修

翻修是将隐患处挖开，重新进行回填。这是处理隐患比较彻底的方法，但对于埋藏较深的隐患，由于开挖回填工作量大，且限于在枯水季节进行，是否宜于采用需根据具体条件进行分析比较后方可确定。

翻修时的开挖回填应注意以下几点：

（1）根据查明的隐患情况，决定开挖范围。开挖中如发现新情况，必须跟踪开挖，直至全部挖除为止，但不得掏挖。

（2）开挖时应根据土质的类别，预留边坡和台阶，以免崩塌。

（3）在汛期一般不得开挖，如遇特殊情况必须开挖时，应有安全措施并报请上级主管部门批准。

（4）回填前，如开挖坑槽内有积水、树根、苇根及其他杂质等，应彻底清除。

（5）回填时，原则上不要使用开挖出来的土料，但如挖出的土料经鉴定仍符合要求时，则亦可采用；回填应保证达到规定的容重；新旧土接合处，应刨毛压实，必要时应做接合槽，以保证紧密结合，防止渗水。

(6)回填后，高度应略高于原堤面，以备沉陷。

四、堤防绿化

堤防绿化是固堤的一项重要措施，是堤防管理工作的重要内容之一。树木、草皮齐全，生长旺盛，也是检验堤防管理工作水平的一个方面。切实搞好堤防绿化，能兼收抢险备料，改善环境，增加收入，降低工程造价和管理费用的综合效果。

堤防绿化是为增强堤防抗御雨水、洪水冲蚀的一种生物措施。在汛期高水位时，能够消减风浪对堤身的拍击、冲刷能量，增强堤身固结和抗御冲刷能力。根据试验观测，良好的防浪林带能消减浪高的80%～90%。通过在堤身营造灌木、植草，能够在暴雨骤降时，承受雨水对堤面的冲刷，防止水土流失及水沟、浪窝的发生。

堤防绿化的基本原则是“临河防浪，背河取材，积极培育料源”。要大力植树造林。临河护堤地应栽种耐水性强的防浪林带，林带宽度以不妨碍河道行洪能力为原则。如种植柳树、风杨或水杉等，其均具有抗淹能力强且枝叶繁茂的特点。背河护堤地应栽种用材林或经济林，提供抢险料源。栽种树木的行距与株距以不妨碍防汛抢险为原则。背河护堤地种植树种较多的有杨树、槐树、榆树、柳树、桐树和椿树等。堤坡种植草皮，以增加抗冲能力，减少雨水对土堤的冲刷。常种的草有扒根草、茴草、龙须草等。在堤坡种植经济灌木时，其行距也以有利于防止冲刷且不影响防汛抢险及检查观测为原则。堤防绿化应在有利防洪抢险的原则下，统一栽种，统一砍伐，做到规格化、标准化。

第五节　堤防工程加固措施

尽管我们在防御洪涝灾害方面做出了巨大努力并取得了非凡成就，但由于自然、社会和经济条件的原因，目前我国的江河和城市防洪能力普遍偏低，不能适应社会、经济迅速发展的要求，提高防洪减灾能力仍是我国的一项长期而艰巨的任务。河道堤防是我国防洪体系的重要组成部分，但现有的堤防有三大特点：一是堤基条件差，堤防傍河而建，堤线选择受到河势条件制约，基础大多为砂基，而且绝大部分堤防未做基础处理；二是堤身建筑质量差，不少堤防是在原民堤的基础上，经历年逐渐培厚加高而成的，往往质量不佳；三是堤后坑塘多，尤其是长江干堤和洞庭湖区、鄱阳湖区，多年来普遍在堤后取土筑堤，使堤后坑塘密布，覆盖薄弱。因此，当遭遇洪水时堤防经常发生管涌、滑坡、崩岸和漫溢等险情，严重者导致大堤溃决。在1998年抗洪斗争取得全面胜利的基础上，对现有堤防进行除险加固是当前水利建设的一项重要任务。本节将介绍几种常用堤防加固技术。

一、堤身培厚加高

经分析论证确定堤防加固高度后，应根据安全可靠、因地制宜的原则选择加固断面的结构型式。我国绝大多数堤防为黏性土均质堤。若无特殊原因，一般多选择与原堤防相同的土料加固堤身，结构简单，施工便利，有利于新老土层间的结合。若原筑堤黏性土料短缺，且堤防加高高度大，所需黏性土料方量大，则可选择复式断面结构型式，以少量黏土作防渗斜墙，以砂砾石或砾卵石作支承体，也可用碎石料或煤矸石料作支承体。

堤防加高的断面型式选择应通过技术经济比较后确定。

(一)按均质堤形加高

1. 背水面培厚加高

背水面培厚加高型式具有土源相对丰富、施工方便的优点，但也应注意防止新老结合面成为渗流薄弱面。

1)料场选择的原则

(1)土料的渗透系数不大于 1×10^{-4} cm/s。

(2)土料的黏粒含量应与原堤土相当或略低，土料的渗透系数应与原堤土相当或略大。黏粒含量比原堤土高出较多，渗透系数小得较多的黏土不应采用，因其不利于堤身渗水的排出。

(3)土料天然含水率尽量接近最优含水率。

(4)重要堤防的料场应离堤脚 300 m 以外，也可在距堤脚 200 m 左右处取压盖平台的吹填固结土，但必须尽快吹填补齐。

(5)若堤防附近无合适土源，则料场选择还应考虑运距、交通方便、造价等因素。

2)堤身布置

堤身培厚加高的布置见图 5-8。堤顶宽度按本章第二节内容确定，堤坡可拟定为 1∶3，经稳定计算后确定。堤高大于 6 m 者，背水坡应设戗台，其顶宽不小于 2 m，戗台的顶高程应在设计水位时的渗流出逸点以上。浸润线与渗流出逸点应通过计算确定。原堤防临水坡应按加高设计坡度整坡，背水坡则应挖成台阶状，按 1∶3.0 的坡连接。

2. 临水面培厚加高

当河道整治需要或背水坡有其他工程设置无法培厚时，可考虑在临水面培厚堤防，断面布置如图 5-9 所示。若需在临水面滩地取土，为了保护滩地的天然铺盖作用，取土范围应在堤脚 50 m 以外，取土深度不超过 1.5 m。土料的渗透系数应小于或相当于原堤土料的渗透系数。原堤防背水坡应按加高设计坡度削坡，临水坡应挖成台阶状，按缓于 1∶3.0 的坡连接，以利于新、老堤身的结合。培厚加高后的临水坡的稳定复核计算，应考虑设计水位降落时的反向渗透力及土体结合面浸水后的抗剪强度的降低。汛期退水时应加强对临水面培厚加高堤段的观察。

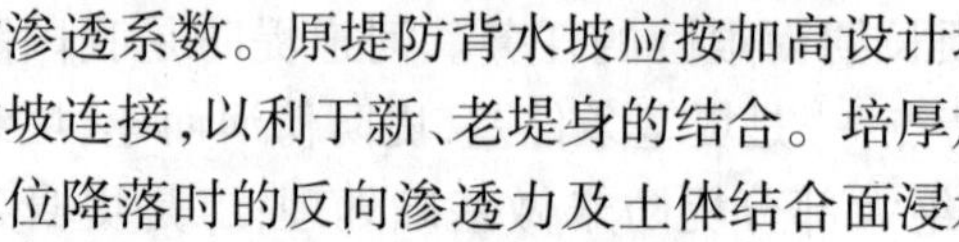

图 5-8　背水面培厚加高的均质堤断面示意图

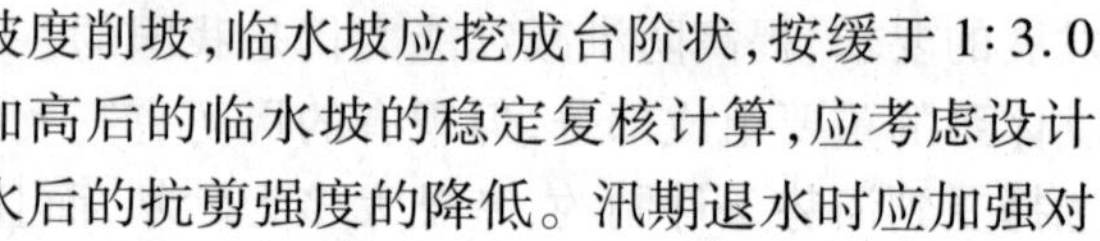

图 5-9　临水面培厚加高的均质堤断面示意图

(二)按复式堤形加高

将原堤防按黏性土斜墙复式断面加高，其断面型式如图 5-10 所示。斜墙土料宜选择黏粒含量小于 15% ~30% 的亚黏土或黏粒含量小于 30% ~40% 的黏土。支承体宜选择最大粒径小于 60 mm 级配较好的砂砾石。黏性土斜墙底部应伸入原堤身 1 m，斜墙底宽 2 ~3 m，具体可按接触渗径大于 1/4 ~1/3 的水头计算，顶宽 1 m，斜墙顶部应高出设计水位0.5 m。

砂砾石堤体的背水坡也应设置贴坡排水与反滤层。

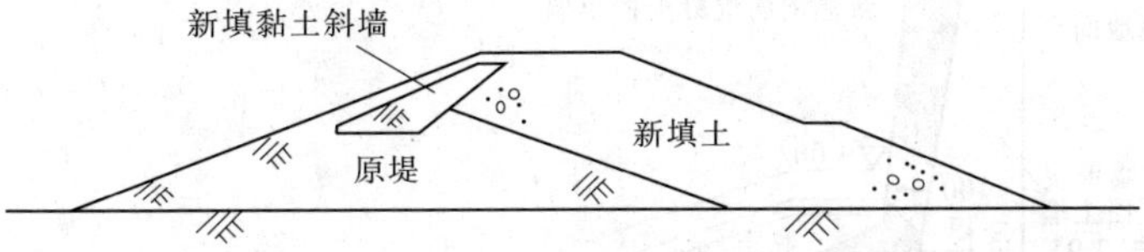

图5-10　背水面培厚加高的黏土斜墙复式堤断面示意图

(三)按防洪墙式堤形加高

1.以混凝土或浆砌石墙加高土堤

城市堤防加高,往往因场地所限而采用防洪墙型式加高土堤,其断面型式如图5-11所示。防洪墙一般有钢筋混凝土挡土墙和浆砌石挡土墙两种型式。墙高一般不大于5~6 m为宜,防洪墙布置在临水堤肩处,墙背水侧中下部填土作为堤顶路面,上部1.2~1.5 m作为防浪墙,也可挡水,防洪墙的稳定和强度应按挡土墙复核。

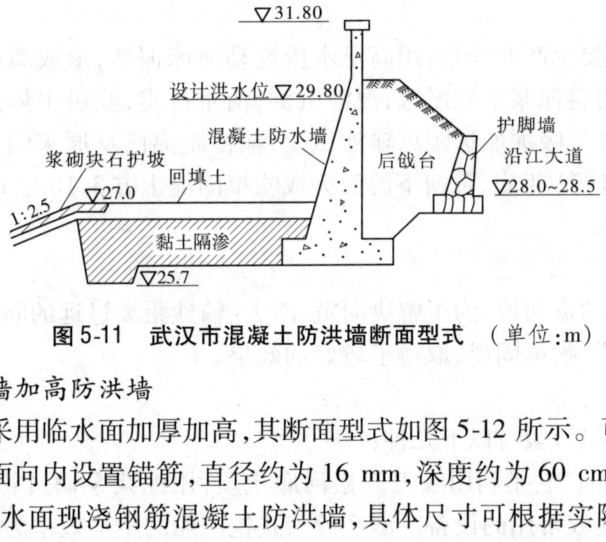

图5-11　武汉市混凝土防洪墙断面型式　(单位:m)

2.以混凝土墙加高防洪墙

防洪墙一般采用临水面加厚加高,其断面型式如图5-12所示。可在原浆砌石或混凝土防洪墙的临水面向内设置锚筋,直径约为16 mm,深度约为60 cm,间距约50 cm。然后,在原防洪墙临水面现浇钢筋混凝土防洪墙,具体尺寸可根据实际情况按挡土墙计算确定。

(四)吹填固堤

吹填固堤也称机淤固堤,是利用泥浆泵将河流中或河床质的水沙,通过管道送到堤防背水侧的淤区,以达到加大堤身断面、加固堤防的目的。

机淤取土有以下几种方式。

1.简易吸泥船

20世纪70年代初,黄河下游首先自制简易吸泥船进行吹填固堤。因为简易吸泥船结构简单、操作方便、造价低、见效快、适应性强,大部分堤防存在的问题,如渗透问题、稳定问题、断面尺寸不足问题,均可采用这种方法进行加固。因此,这种方法很快在黄河下游得到普遍推广。简易吸泥船不能自航,其船体分为钢、木、水泥三种,以钢壳船最多。船

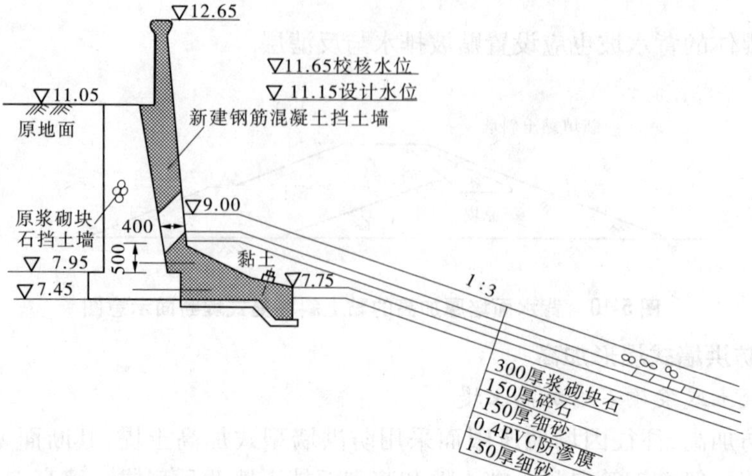

图 5-12　南京市钢筋混凝土防洪墙断面型式　(单位:高程,m;尺寸,mm)

长 15 m、宽 5 m、吃水深度 0.6 m。简易吸泥船的主要设备由抽排泥浆系统、造浆系统、附属设备三个部分组成。

简易吸泥船的主要生产原理是:用高压水枪搅动河床泥沙,形成高浓度泥浆,用泥浆泵抽吸泥浆,通过管道将泥浆送到淤区;泥沙沉淀,清水排走,经过土体排水固结,形成淤背体。近年来,大力开展吸泥船远距离输沙试验,输沙距离已从原来的 100 多 m,发展到 3 000 m 以上。截至 1992 年底,黄河下游已完成吹填固堤土方 3.16 亿 m^3,其中达到近期标准的堤段有 376 km。

2. 小泥浆泵

黄河在河南境内的宽河段,为了解决河宽、滩大、输沙距离过远的问题,采用了小泥浆泵临河挖滩抽吸沙进行吹填固堤,取得了较好的效果。

3. 挖泥船

国内常用的挖泥船一般有以下几种:

(1)绞刀式挖泥船。它是利用绞刀绞松河底土质,用泥浆泵通过管道把泥浆送到淤区,也是目前吹填固堤较常用的设备。国产绞刀式挖泥船的生产效率为 50 ~ 80 m^3/h。

(2)链斗式挖泥船。它是利用一连串的泥斗取河床泥沙,通过卸泥槽装入驳船运走。

(3)抓扬式挖泥船。它是利用抓斗抓取河床泥沙,吊起卸入泥驳船。

(4)铲斗式挖泥船。它是利用铲斗抓泥,吊起卸入泥驳船。

料场一般选择在靠水的嫩滩上。嫩滩沙料丰富,土质疏松,易于抽吸开挖。无嫩滩时,应尽量选择在水浅溜缓的部位。

固定船位一般要靠岸近一些,以减少管道长度和浮筒数量,并便于与岸上联系和固定船位;但也应与岸坡保持适当的距离,以防河床挖深后,造成岸坡坍塌。

淤区就是放淤的区域,淤区工程包括围堤和泄水建筑物等部分。泥浆在围堤以内沉淀落淤,沉淀后的清水由泄水建筑物排走。落淤沉淀的土方,经排水固结就成了堤防断面的一部分,加大了堤防断面,起到了固堤的作用。

二、滑坡除险加固的方法

滑坡除险加固的方法很多,应根据滑坡堤段的实际情况,如当地材料供应条件、施工技术状况以及对施工工期的具体要求等进行优化后实施。下面针对不同的滑坡情况,对优先考虑采用的除险加固方法进行介绍。

(一)浅层滑坡

浅层滑坡一般均发生在堤身,地基基本上未遭破坏。这类滑坡应优先考虑将滑动体全部挖除,重新回填。根据滑坡发生的位置与引起滑坡的原因不同,处理的具体步骤和处理办法也有不同,现分述如下。

1. 背水坡浅层滑坡

1)以渗流为主要原因的浅层滑坡

(1)消除渗流险情。如在临水坡面做黏土截渗铺盖,或在堤身中间做截渗墙等。

(2)具体划定处理范围,包括平面尺寸和挖除的深度。确定滑动面位置的方法有钻探法和稳定分析法。钻探法的理论依据是滑动面实际上是一个具有一定厚度的滑动带。滑坡产生后,滑动带区域内土体强度大大低于未被扰动土体的天然强度。由此用钻探或原位测试的方法及时测出滑动带土体的强度就能很方便的判断滑动带所处的位置。稳定分析法(圆弧滑动法或复合滑动面法)的具体做法是:在现场找出滑动体的上缘及滑动体的下出口,滑动体的上缘就是滑坡顶部裂缝处或堤顶塌陷的陡坎处,滑动体的下出口就是堤脚隆起的最高点(顶部),这两点就是滑动面的上下两点。这样,通过少量的试算即可找出通过上下两点的滑动面位置。滑动面所包围的土体即为滑动体。

(3)将滑坡上部未滑动的坡肩削坡至稳定的坡度,一般应做到1∶3左右(目的是保证施工期的安全),如滑弧上缘已伸入到堤顶,可直接按要求挖除。

(4)挖除滑动体。挖除应从上边缘开始,逐级开挖,每级高度20 cm,沿着滑动面挖成锯齿形。在每一级深度上应一次挖到位,并且必须一直挖至滑动面以外未滑动土中0.5~1.0 m,以便保证新填土与老堤的良好结合。

(5)填筑还坡。挖除与重新填筑断面如图5-13所示。在平面上,滑坡边线四周向外沿伸2 m范围均应挖除,重新填筑。

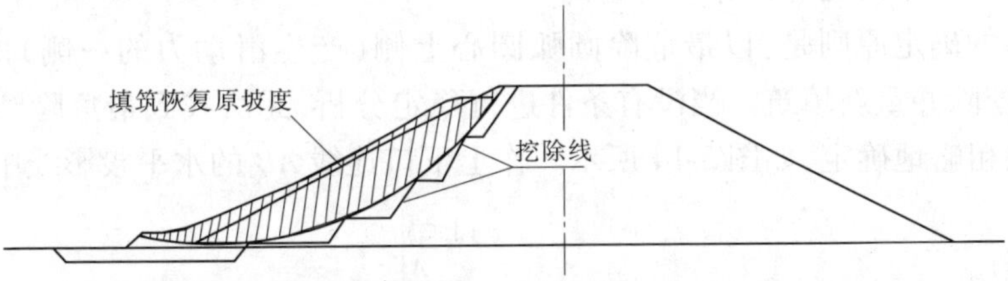

注:1. 图中影线部分为滑动体应全部挖除;2. 图中挖除线每级高度小于1 m,宽度伸入滑动体大于0.5 m。

图5-13　挖除与重新填筑断面示意图

填筑施工可采用机械或人工进行卸料和铺料。铺料时应严格控制铺土厚度及土块粒径的最大尺寸。铺土厚度一般应通过压实试验确定,在无试验资料的情况下,可参照表5-5执行。

压实的密度必须达到设计要求。填筑施工程序及其技术，详见本章第三节。重新填筑的堤坡必须达到重新设计的稳定边坡。

2）以堤脚下挖塘为主要原因的浅层滑坡

首先消除挖塘险情。在堤脚下挖塘，减小了堤身堤脚的压重，使堤身的抗滑力减小，造成滑坡。消除此类险情的办法很简单，即把挖掉的土体再填回来。如实在有困难，至少在滑坡出口处以外5 m范围内必须回填。回填土料以透水性较好的砂石料为宜。把堤脚下挖塘填好后按上述的"以渗流为主要原因的浅层滑坡"处理办法（2）→（3）→（4）→（5）四个步骤挖除滑动体后，填筑还坡。

3）以堤身填筑质量不好为主要原因的浅层滑坡

此类滑坡是因填筑施工质量不好，堤身强度不够造成的。一般情况下，将滑动体全部挖除，重新填筑就可以消除产生滑坡的隐患。因此，按上述的"以渗流为主要原因的浅层滑坡"处理办法（2）→（3）→（4）→（5）四个步骤挖除滑动体，重新填筑还坡即可（以此原因引起的滑坡发生在临水坡，此法也适用）。

2. 临水坡浅层滑动

1）以崩岸（坍塌）为主要原因的浅层滑动

首先，用抛石护脚等除险加固办法，把崩岸险情消除后即可按上述的（2）→（3）→（4）→（5）四个步骤挖除滑动体，重新填筑还坡。

2）暴雨或长时间降雨导致的浅层滑坡

雨水沿着坝体裂缝渗入堤身内部，使滑动力增加，堤身抗剪强度降低导致浅层滑坡。此类滑坡与以堤身填筑质量不好、强度不够为主要原因而引起的滑坡一样，一般不需要特别处理，只要将滑动体按上述的"以渗流为主要原因的浅层滑坡"处理办法（2）→（3）→（4）→（5）全部挖掉，重新填筑还坡即可。

（二）深层滑动的边坡的处理

一般情况下，深层滑动的滑动面已切入堤基相当的深度，此类滑坡若全部挖除滑动体，则工作量较大，且施工具有一定的风险，所以应优先考虑采用部分挖除的办法进行处理。具体施工程序如下。

1. 挖除滑动体的主滑体并重新填筑

主滑体的确定原则是：以最危险圆弧圆心上侧（产生滑动力的一侧）的土体为主滑体，应全部挖除并重新填筑。当没有条件进行稳定分析，无法找到最危险圆弧圆心时，可用下述办法粗略地确定，如图5-14所示。作上下口连线 AB 的水平投影线中垂线，以该线

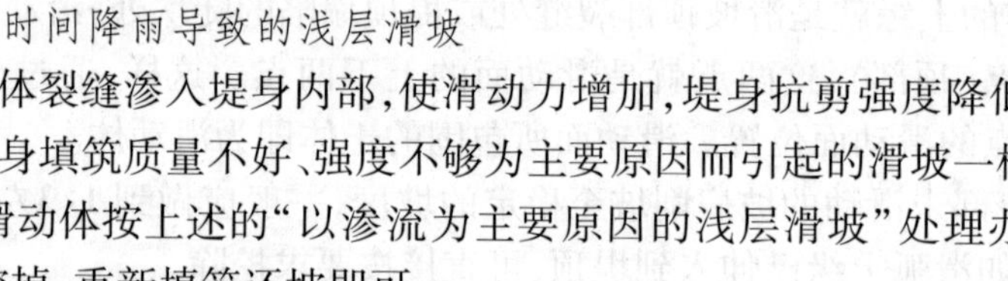

图5-14　主滑动体的简化确定

与边坡线的交点 f 作主滑体与阻滑体的分界点(一般情况下,该点位置偏向滑动体一侧,但影响不大),其上侧为主滑体,下侧为阻滑体,将 f 点上侧主滑体部分挖除重新填筑。对 f 点上侧滑动体部分全部挖除与重新填筑的具体实施同前述浅层滑坡的挖除与重新填筑一样,按产生深层滑动的位置和发生的主要原因不同而采取不同的办法进行挖除与填筑,这里不再赘述。将 f 点以下的阻滑体中的滑动面进行处理后,才能开始 f 点上侧堤防的填筑。

2. f 点以下阻滑体滑动面的处理办法

按滑坡后设计的稳定断面重新填筑。这种处理办法就是以增加阻滑体的重量,即用增大阻滑力的办法来提高堤坡的稳定性。该法的优点是施工简单,不需三材,易于实施;缺点是需要大量的土方,在土源缺乏的地区,采用该法有一定的困难。

采用加固地基的办法。地基加固的办法很多,结合堤防除险加固的具体情况,比较适合的地基加固办法有搅拌法、灌浆补强法、振冲法等。

三、土工织物加固与防渗

(一)垂直铺塑

在堤顶沿大堤走向用开槽机在堤身内垂直成槽,然后铺设土工膜并用黏土浆回填,形成以土工膜为主体的垂直防渗墙。该法已在黄河大堤上采用,并取得了较好的效果。

(二)土工膜斜墙

以土工膜斜墙防渗、以砂砾石作支承体的复式加高断面如图 5-15 所示。若采用单层 PE 膜或 PVC 膜,厚度约为 0.4 mm;若采用两布一膜型复合土工膜,膜厚为 0.2 ~ 0.3 mm,膜两边的土工织物分别为 200 ~ 250 g/m^2。

土工膜可埋置在原堤顶开挖的槽内,槽的形状尺寸如图 5-16 所示,膜与原堤土应紧密贴合,接触渗径应大于承受水头的 1/4 ~ 1/3。复合土工膜也应以单层膜的型式埋置在槽中,否则带有透水织物的那一面就不能保证应有的接触渗径。土工膜在堤顶应与防浪墙相连接。若不设防浪墙,则可向背水面平铺 50 cm 做封顶。土工膜上面为保护层。

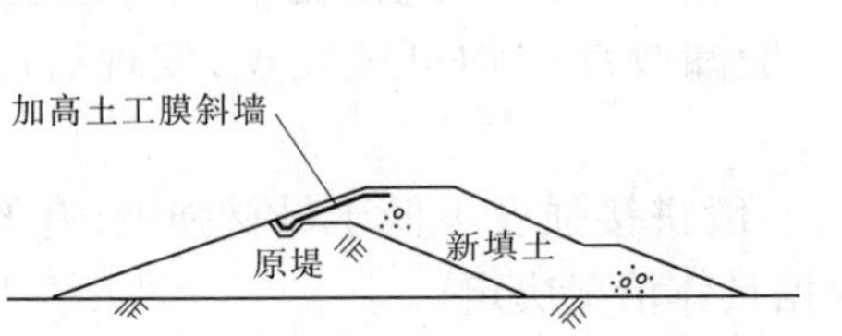

图 5-15　局部土工膜斜墙复式堤断面示意图

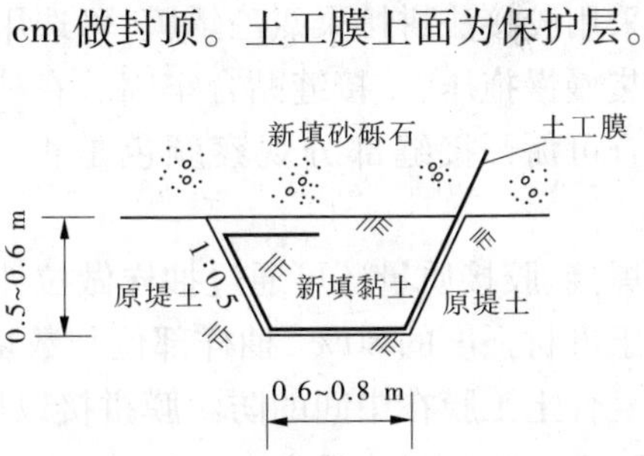

图 5-16　土工膜在黏性土中埋置示意图

若原堤防土质疏松或土料渗透性大,也可将土工膜一直铺至堤脚,形成土工膜整体斜墙防渗,如图 5-17 所示。

(三)土工膜拼接铺设的技术要求

土工膜是十分有效的新型防渗材料,但其防渗是否达到应有效果的关键在于施工质量,因此必须重视以下技术要求。

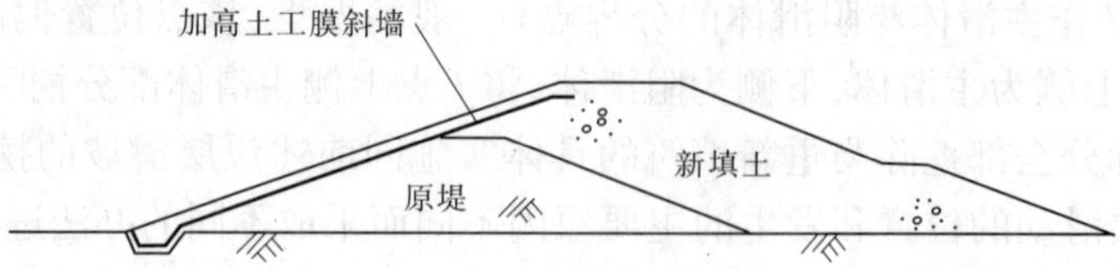

图 5-17　培厚加高的土工膜斜墙复式堤断面示意图

1. 土工膜的垫层处理

新填砂砾石坡面经过削坡拍实后可直接铺设防渗土工膜，但应将坡面上的尖锐杂物清理干净，以免刺破土工膜。

如土工膜铺在老堤坡面上，坡面经削坡后还有草根、芦苇根时，需喷洒除草剂，以防芦苇等植物生长顶穿土工膜。

2. 土工膜铺设与拼接

铺设前应仔细检查土工膜有无破损，如发现破损应修补或裁除。土工膜需以长度方向沿堤轴线铺设，以减少接缝。如果用复合土工膜，则应要求厂家在整幅复合膜的四周留出 10 cm 宽的拼接带，即在该 10 cm 宽范围内，织物与防渗膜是分开的，以便膜与膜的拼接。

如防渗膜为聚乙烯，可采用焊接拼接，如防渗膜为聚氯乙烯，则可采用焊接法（应注意劳动保护）或胶接法拼接。拼接前均需将拼接带擦拭干净，以保证接缝密合质量。

焊接可采用热楔形双缝焊接机，其焊接温度与行走速度均可调节，为保证焊接质量，应根据大气温度、风速的变化，调节焊接温度与行走速度。温度过高或行走速度过慢，会使拼接部位膜熔透破坏；反之，则接缝焊接不牢。因此，每天早、晚与中午应通过试验调置不同的温度与速度。双焊缝可通过向焊缝间充气检查质量，可在缝端设压力表，充气压力一般为 200 kPa，气带隆起 5 ~ 10 min 不瘪，说明焊缝质量满足要求，若发现漏气，漏气处即为焊接不牢处，应及时补焊。

采用胶接法拼接聚氯乙烯膜，可选用 PVC 胶，应边清洁接缝部位，边涂胶，边贴合，并用砂袋慢慢拖压，使接缝贴合牢固。春秋季节应固化 12 h，冬季应固化 24 h。胶接缝的质量检查可掰开接缝部分观察颜色是否一致，一般漏胶部位均可被发现，发现后应立即补胶。

焊接、胶接质量还可通过抽样做拉伸试验，一般拼接强度不低于母材强度，有的要求不低于母材强度的 80%，抽样部位与数量可根据具体情况决定。

复合土工膜在中间的防渗膜拼接以后，土工织物可用于手提缝纫机缝合。

3. 土工膜的周边固定

土工膜与地基的连接必须安全可靠。若地基为黏性土，则可将土工膜埋在浆砌石趾墙的槽中，土工膜必须与黏性土贴合紧密，接触渗径应达到承受水头的 1/4 ~ 1/3。若地基设置混凝土竖直防渗墙体，且防渗墙体表面平整，可用螺栓和钢条将土工膜锚固在混凝土墙体上。若墙体不平整则需用混凝土在墙体上浇筑一截平整的连接段，将土工膜锚固在连接段上。锚固连接处应填盖黏土，或浇筑混凝土，一方面延长接触渗径，另一方面可防止锚固件的锈蚀。

斜墙土工膜与堤顶防浪墙的连接也应可靠，若与混凝土防浪墙连接，可采用上述螺栓锚固的方法；若与浆砌石防浪墙连接，可埋入墙底50～60 cm。

心墙土工膜可在设计水位以上0.5 m向背水面折90°做成封顶，上部以路面基土压实。

4.土工膜的保护层

可在复合土工膜上直接铺块石或混凝土预制护坡或现浇混凝土护坡，但块石和混凝土预制板需小心轻轻地放置在复合土工膜上，以免砸破土工膜。

在单层膜上铺砂砾料作保护层应清除其中的尖锐杂物，以免刺破土工膜。

四、地基防渗加固

地基渗漏现象常见于二元结构地基，其表层为透水性较薄的覆盖层，下层为透水性较强的砂砾石层。建在这类地基上的堤防、涵闸等建筑物，在堤外无滩或外滩较窄时，每当汛期，在高水头作用下，渗透压力与渗透坡降增大，往往在堤内渊塘或覆盖层薄弱之处出现管涌险情。地基防渗与加固方法，常用的有灌浆法、防渗墙法、高压喷射灌浆、深层搅拌法等。

基础防渗加固技术较多，选用处理措施主要取决于技术经济的可行性和对环境的影响与安全性。堤基与堤身防渗问题应同时考虑。

(一)灌浆加固与防渗

灌浆加固与防渗技术是利用压力浆液通过钻孔注入岩土或建筑物裂缝中的一种固结防渗方法。在堤防防渗加固中，最常用的灌浆材料是水泥浆与水泥黏土浆。对于某些非均质的粉砂土堤基，可采用复合灌浆方法灌浆，即先用水泥灌浆，充填地基土体中的孔隙，待沉淀固化后，再清孔并灌注水玻璃浆液。这样做注浆效果更佳。

在透水堤基中构筑灌浆帷幕，可有效地阻断渗流的穿透。堤基帷幕的位置一般设在堤防临水的坡脚下或铺盖下，也可位于堤防中央的堤基中，如图5-18所示。帷幕型式常见的有均厚式与阶梯式两种，均厚式帷幕各排孔的深度均相同，适用于砂砾石层不厚、帷幕不很深的情况；阶梯式帷幕适用于砂砾石层较厚、帷幕较深的情况，呈上宽下窄阶梯状，灌浆孔的排数，应幕宽处多、幕窄处少。帷幕的深度，一般应穿过砂砾石层抵达基岩。帷幕厚度δ，对一般黏土浆液，可取为$\delta=(1/3\sim1/4)H$，H为最大作用水头(m)。灌浆孔的排数，一般为1～3排即可。孔距通常为2～4 m，施工过程中若发现浆液扩散范围不足，则可通过缩小孔距或加密钻孔予以补救。

帷幕灌浆方法很多，主要有打花管灌浆、套管护壁、循环钻灌和袖阀管等。

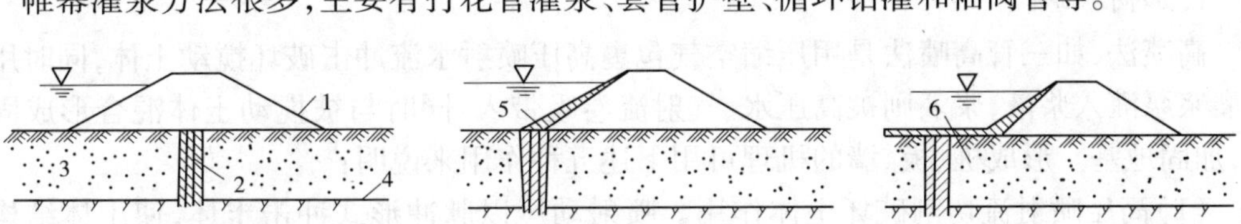

(a)帷幕在堤身下　(b)帷幕在上游坡脚下　(c)帷幕在上游铺盖上

1—堤身；2—灌浆帷幕；3—砂砾石层；4—基岩；5—上游防渗斜墙；6—上游铺盖

图5-18　灌浆帷幕示意图

(二)防渗墙加固与防渗

1. 槽断式防渗墙

槽断式防渗墙有厚墙(60 ~ 120 cm)和薄墙(20 ~ 60 cm)之分。厚墙采用抓斗、冲击钻劈打、轮铣等机具成槽构造;薄墙一般由射水、锯槽、链斗、多头钻或改进的薄型抓斗、轮铣等机具成槽形成。墙体材料可采用混凝土、钢筋混凝土、塑性混凝土、土工膜、自凝灰浆等。其中,混凝土、塑性混凝土防渗墙在槽孔中下道管、泥浆中浇筑成墙;钢筋混凝土防渗墙,则先在槽孔内置入钢筋笼,再浇筑成墙;土工膜防渗墙、在槽孔中垂直铺设并锚牢上下端;自凝灰浆防渗墙,即由水泥、膨润土、缓凝剂和水构成的浆液,在槽孔中自行凝结硬化构成。此外,还可用固化灰浆构造强度和抗渗性较高的防渗墙,所谓固化灰浆,即由泥浆加入固化材料混合而成。

2. 桩柱式防渗墙

此种墙体可采用回转钻、冲击钻、螺旋钻、多头钻、搅拌钻等成孔机具成孔,以套打的办法连接成墙。墙体材料一般为混凝土、钢筋混凝土、塑性混凝土、水泥土等。

多头搅拌桩薄墙是利用多头小直径深层搅拌机,将水灰比为0.8 ~2.0 的水泥浆喷入土体,经搅拌形成水泥土墙。此法适用于黏土、砂土、淤泥质土及细粒砾石地层。

3. 预制拼装式防渗墙

这种防渗墙一般采用捶击、插扳机、射水法等机具及工艺成墙,或在槽孔中置入成墙。所用墙体材料一般为钢板或钢筋混凝土板。

超薄型插板式防渗墙采用重型液压振动锤,将每块宽为50 ~ 100 cm 的 H 型钢板振动插入成槽,形成厚约8 cm 的超薄型插板式防渗墙槽体,再注入水泥或水泥膨润土浆液,即可构造成防渗墙。该法只适用于20 m 内的地层。若需嵌入岩石,则应采用高压喷射技术处理。

(三)高压喷射灌浆技术

高压喷射灌浆技术是近二三十年来用于地基防渗加固的一项新技术。它将特殊喷头安装在钻杆(喷杆)的底部,置入钻机成孔的设计土层深度,利用高压喷射固化浆液(加水泥浆液)冲击,破坏土体结构,使浆液与土粒在所形成的穴槽内搅拌混合,凝固成固结体。

利用高喷(如三管高喷)灌浆技术,构造桩、板、墙等固结体以加固地基,主要适用于冲积层、残积层、人工填土地层,以及砂类土、黏性土和淤泥层等。对于砾石粒径过大、含量过多的地层,以及含有大量纤维质的腐殖土层,高喷质量可能不及静压灌浆。

1. 加固机理

高喷法,如三管高喷法是用压缩空气包裹高压喷射水流冲击破坏搅动土体,同时用低压灌浆泵灌入浆液,浆液则被高压水、气射流卷吸带入,同时与被搅动土体混合形成固结体,加固地基。形成桩、板、墙的机理可用下述五种作用来说明:

(1)高压喷射流切割破坏土体作用。喷射动压以脉冲形式冲击土体,使土体结构破坏而出现空洞。

(2)混合搅拌作用。钻杆在旋转和提升的过程中,在射流后面形成空隙,在喷射压力作用下,迫使土粒向与喷嘴移动相反的方向(即阻力小的方向)移动,与浆液搅拌混合后形成固结体。

(3)置换作用。三重管高喷法又称置换法,高速水射流在切割土体的同时,由于通入压缩空气而把一部分切割下的土粒排出灌浆孔,土粒排出后所空下的体积由灌入的浆液补入。

(4)充填、渗透固结作用。高压浆液充填冲开的和原有的土体空隙,析水固结,还可渗入一定厚度的砂层而形成固结体。

(5)压密作用。高压喷射流在切割破碎土体的过程中,在破碎带边缘还有剩余压力,这种压力对土层可产生一定的压密作用,使高喷桩体边缘部分的抗压强度高于中心部分。

2.基本种类

按喷射介质及其管路多少,高压、喷射灌浆可分为单管法、二管法、三管法等,见图5-19。

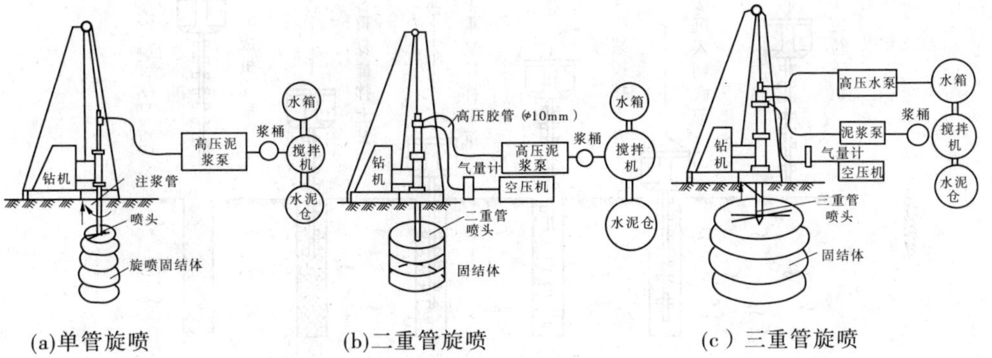

图5-19 高压喷射灌浆示意图

1)单管旋喷法

单管旋喷法是通过单根管路,利用高压浆液(20~30 MPa)喷射冲切破坏土体,成桩直径为40~50 cm。其加固质量好、施工速度快、成本低,但固结体直径较小。

2)二管旋喷法

二管旋喷法是在单管旋喷法的基础上又加以压缩空气,并使用双通道的二重灌浆管。在管的底部侧面有一个同轴双重喷嘴,高压浆液以20 MPa左右的压力从内喷嘴中高速喷出,在射流的外围加以0.7 MPa左右的压缩空气喷出。在土体中形成直径明显增加的柱状固结体,可达80~150 cm。

3)三管旋喷法

三管旋喷法是使用分别输送水、气、浆三种介质的三重灌浆管。高压水射流和外围环绕的气流同轴喷射冲切破坏土体,高压水射流的喷射周围加上圆筒状的空气射流,进行水、气同轴喷射,可以减少水射流与周围介质的摩擦,避免水射流过早雾化,增强水射流的切割能力。喷嘴边旋转喷射边提升,在地基中形成较大的负压区,挟带同时压入的浆液充填空隙,便可在地基中形成直径较大、强度较高的固结体,起到防渗加固地基的作用。

(四)深层搅拌加固技术

深层搅拌法是利用水泥作为固化剂,通过特别的深层搅拌机械,在地基深处就地将软土和水泥(浆液或粉体)强制搅拌后,水泥和软土将产生一系列物理—化学反应,使软土硬结改性。改性后的软土强度大大高于天然强度,其压缩性、渗水性比天然软土大大降低。

1. 加固型式

根据目前的深层搅拌法施工工艺,搅拌桩可布置成柱状、壁状和块状三种型式。在堤防上用于地基加固,主要采用桩式;若用于防渗加固,则应采用壁状式。壁状式是将相邻搅拌桩部分重叠搭接,即成为壁状加固型式,组成水泥土挡墙。这种挡墙具有较高的抗渗性能,可以形成良好的隔水帷幕。

2. 施工工艺

(1)湿法施工。其主要的施工机械为深层搅拌机。深层搅拌法施工可分为定位、预搅下沉、制备水泥浆、提升水泥浆、提升喷浆搅拌、重复上下搅拌、清洗等几个步骤,如图 5-20 所示。

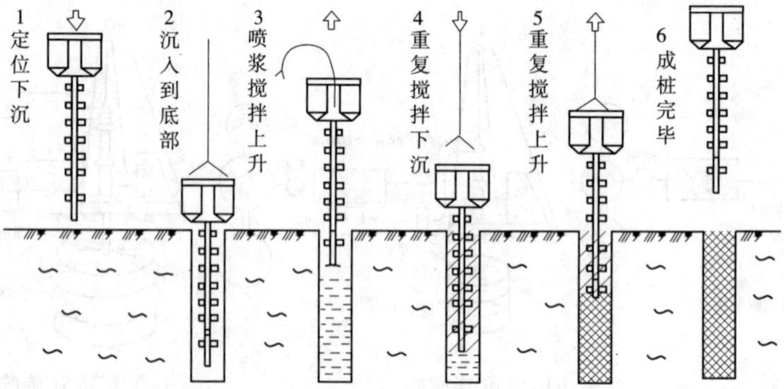

图 5-20 深层搅拌加固工艺流程

(2)干法施工。干法是采用水泥粉料,由空气输送,通过搅拌叶片旋转产生的空隙部位喷出,并随着搅拌叶片的旋转均匀地分布在整个空隙轨道面内,进而和原位地基土搅拌并混合在一起。施工机械主要是钻机、粉体发送器、空气压缩机、搅拌钻头等。

施工工序主要为:①柱体对位;②下钻;③钻井结束;④提升喷粉;⑤提升结束桩形成体等几个步骤,如图 5-21 所示。

3. 适用范围

深层搅拌法最适宜加固各种成因的饱和软黏土,常用于淤泥、淤泥质土、黏土、亚黏土等地质的加固,成桩深度可达 30 m,若采用多头小直径桩,其成墙深度可达 18 m。

在堤防除险加固工程中,深层搅拌桩常用于处理软基堤防上的滑坡。同时,还可组成截渗墙,其防渗效果更好。

4. 深层搅拌法的主要优点

(1)加固效果好,加固方式灵活,适用面广。深层搅拌法可采用不同的加固型式,不同的桩长和置换率,以满足不同土质条件和不同荷载要求的加固目的。这种方法适宜用在河道区域狭长、地质条件复杂,且对沉降要求较高的工程。采用搅拌桩土墙作为河岸边坡支护不仅能够保证边坡稳定,还具有防渗功能。

(2)施工速度快。一般来说,每台深层搅拌机建造搅拌桩截渗墙的工效达 13.2 m^2/(台·h)。

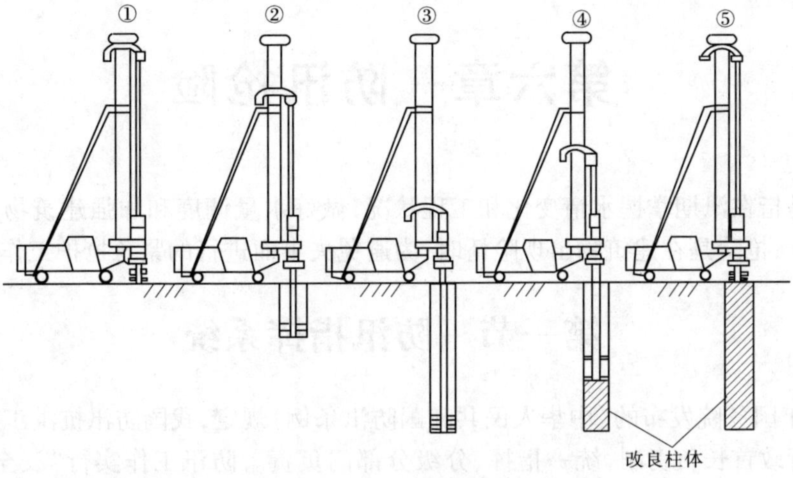

图 5-21　粉体喷射搅拌法施工顺序

(3)可充分利用原软土,无弃土。

(4)造价较低。每延长米(截面积 0.71 m^2)深层搅拌桩的造价约为 100 元,按成墙厚度 0.22 m 计,每平方米成墙造价为 70 余元,比采用垂直铺塑截渗、混凝土墙截渗、高喷水泥土墙截渗的造价都低。

第六章　防汛抢险

防汛是指在汛期掌握水情变化和工程状况，做好水量调度和加强建筑物及其下游安全度汛工作；抢险是在建筑物出现险情时，为避免失事而进行的紧急抢护工作。

第一节　防汛指挥系统

1991年国务院发布的《中华人民共和国防汛条例》规定，我国防汛抗洪工作实行各级人民政府行政首长负责制，统一指挥、分级分部门负责。防汛工作实行“安全第一，常备不懈，以防为主，全力抢险”的方针，遵循团结协作和局部利益服从全局利益的原则。

防汛指挥是防汛工作的核心，正确发挥其职能是防汛成功的关键，如果防汛工作不当或指挥调度失误将造成不可挽回的损失，同时其他职能部门需要通力合作，才能取得防汛抗洪的胜利。

一、防汛指挥系统组成

防汛指挥工作担负着发动群众，组织社会力量，从事指挥决策等重大任务，而且需要进行多方面的协调和联系。因此，需要建立强有力的组织机构，担负有机的配合和科学的决策，做到统一指挥，统一行动。建立和健全各级防汛指挥系统，并明确其职责是取得防汛抗洪斗争胜利的关键。

（一）国务院设立国家防汛抗旱总指挥部

国家防汛抗旱总指挥部总指挥由国务院副总理担任。国家防汛总指挥部成员由中央军委总参谋部和国务院有关部门负责人组成。国家防汛抗旱总指挥办公室为其办事机构，负责管理全国防汛的日常工作，设在水利部。

防汛抗旱总指挥部统一指挥全国的防汛工作，制定有关防汛工作的方针、政策、法令和法规，根据汛情进行防汛动员，对大江大河的洪水进行统一调度，监督各大江大河防御特大洪水方案的执行，对各地动用重大分滞洪区要求进行审批，组织对重大灾区的救灾，领导支持灾区恢复生产、重建家园。

（二）地方防汛抗旱指挥部

省（自治区、市）、地、县设立防汛指挥部，有防汛任务的县级以上各级政府，成立防汛指挥部（有抗旱任务的，成立防汛抗旱指挥部，或防汛防旱防风指挥部），由同级人民政府有关部门、当地驻军和人民武装部负责人组成，各级人民政府首长任指挥。其办事机构设在同级水行政主管部门，或由人民政府指定的其他部门，负责所辖范围内的日常防汛工作。

各级防汛指挥机构，汛前负责制订防汛计划，组织队伍，划分防汛堤段，进行防汛宣传教育和传授抢险技术，做好分蓄洪准备与河道清障；传达贯彻上级指示和命令，清理和补充防汛器材，整顿防汛队伍；汛后认真总结经验教训，检查防洪工程水毁情况并制订修复计划，做好器材及投工的清理、结算、保管等工作。

（三）各大江大河流域机构防汛指挥部

水利部所属的流域管理机构内部组成防汛办事机构。如黄河、长江等跨省、自治区、直辖市的重要河流设防汛总指挥部，由有关省、自治区、直辖市人民政府首长和流域机构负责人组成，负责协调指挥本流域的防汛抗洪事宜。河道管理机构、水利水电工程管理单位建立防汛抢险和调度运行专管组织，在上级防汛指挥部领导下，负责本工程的防汛调度工作。

另外，水利、水电、气象、海洋等有水文、雨量、潮位测报任务的部门，汛期组织测报报汛网，建立预报专业组织，向上级和同级防汛指挥部门提交水文、气象信息和预报。城建、石油、电力、铁道、交通、航运、邮电、煤矿以及所有有防汛任务的部门和单位，汛期建立相应的防汛机构，在当地政府防汛指挥部和上级主管部门的领导下，负责做好本行业的防汛工作。

防汛工作按照统一领导、分级分部门负责的原则，建立健全各级、各部门的防汛机构，发挥有机的协调配合，形成完整的防汛组织体系。防汛机构要做到正规化、专业化，并在实际工作中不断加强机构自身的建设，提高防汛人员的素质，引用先进设备和技术，提高信息系统、专家系统和决策系统的水平，充分发挥防汛机构的指挥战斗力。

二、地方各级防汛指挥机构的具体职责

各级防汛指挥部在同级人民政府和上级防汛指挥部的领导下，是所辖地区防汛的权力机构，具有行使政府防汛指挥权和监督防汛工作的实施权。根据统一指挥、分级分部门负责的原则，各级防汛机构要明确职责，保持工作的连续性，做到及时反映本地区的防汛情况，果断执行防汛抢险调度指令。防汛机构的职责一般有以下方面。

（1）贯彻执行国家有关防汛工作的方针、政策、法规和法令。为深入改革开放，实现国民经济持续、稳定、协调发展，做好防汛安全工作。

（2）制定和组织实施防御洪水预案。

（3）掌握汛期雨情、水情和气象形势，及时了解降雨区的暴雨强度、洪水流量、江河、闸坝、水库水位、长短期水情和气象分析预报。必要时发布洪水、台风、凌汛预报、警报和汛情公报。

（4）组织检查防汛准备工作，即每年汛前对以下内容进行检查：①是否树立常备不懈的防汛意识，克服麻痹思想；②各类防汛工程是否完好，加固工程完成情况，有无防御洪水方案；③河道有无阻水障碍及清障完成情况；④水文报汛、预报准备工作；⑤防汛物料的准备情况；⑥蓄滞洪区安全建设和应急撤离准备工作；⑦防汛通信准备工作；⑧防汛队伍组织的落实情况；⑨备用电源是否正常等。

（5）负责有关防汛物质的储备、管理和防汛资金的计划管理。资金包括列入各级财政年度预算的防汛岁修费、特大洪水补助费以及受益单位缴纳的河道工程修建维护管理费、防洪基金等。防汛物质要制定国家储备和群众筹集计划，建立保管和调拨使用制度。

（6）负责统计掌握洪涝灾害情况。

(7)负责组织防汛抢险队伍,调配抢险劳力和技术力量。

(8)督促蓄滞洪区安全建设和应急撤离转移准备工作。

(9)组织防汛通信和报警系统的建设管理。

(10)组织汛后检查,主要检查:①汛期防汛经验教训;②本年度暴雨洪水特征;③防洪工程水毁情况;④防汛物资的使用情况;⑤防洪工程水毁修复计划;⑥抗洪先进事迹表彰情况等。

(11)开展防汛宣传教育和组织培训,推广先进的防洪抢险科学技术。

三、其他部门在防洪中的职责

防汛是全民大事,任何单位和个人都有保护防洪工程设施和依法参加防汛抗洪的义务。防汛是一项社会性防灾抗灾工作,要积极动员、组织和依靠广大群众与自然灾害做斗争,动员和调动各部门各行业的力量,在政府和防汛指挥部的统一领导下,齐心协力完成抗御洪水灾害的任务。各有关部门的防汛职责是:

(1)各级水行政主管部门负责所辖已建、在建江河堤防、民垸、闸坝、水库、水电站、蓄滞洪区等各类防洪工程的维护管理,防洪调度方案的实施以及组织防汛抢险工作。

(2)水文部门负责汛期各水文站网的测报报汛,当流域内降雨、冰凌和河道、水库水位、流量达到一定标准,应及时向防汛部门提供雨情、水情和有关预报。

(3)气象、海洋部门负责暴雨、台风、潮位和异常天气的监测和预报,按时向防汛部门提供长期、中期、短期气象预报和有关公报。

(4)电力部门负责所辖水电工程的汛期防守和防洪调度计划的实施。

(5)邮政、通信部门汛期为防汛提供优先通话和邮发水情电报的条件,保持通信畅通,并负责本系统邮政、通信工程的防洪安全。

(6)建设部门根据江河防洪规划方案做好城区的防洪、排水规划,负责所辖防洪工程的防汛抢险,并负责检查城乡房屋建筑的抗洪、抗风安全等。

(7)物质、商业、供销部门负责提供防汛抢险物质供应和必要的储备。

(8)铁道、交通、民航部门汛期优先支援运送抢险物料,为紧急抢险及时提供所需车辆、船舶、飞机等运输工具,并负责本系统所辖工程设施的防汛安全。

(9)民政部门负责灾民的安置和救济,发生洪灾后地方政府要立即进行抢救转移,使群众尽快脱离险区,并安排好脱险后的生活。各工农业生产部门组织灾区群众恢复生产和重建家园。

(10)公安部门负责防汛治安管理和保卫工作,制止破坏防洪工程和水文、通信设施以及盗窃防汛物料的行为,维护水利工程和通信设施安全。在紧急防汛期间协调防汛部门组织撤离洪水淹没区的群众。

(11)中国人民解放军及武装警察部队负责协助地方防汛抢险和营救群众的任务,汛情紧急时负有执行重大防洪措施的使命。

(12)其他部门均应根据防汛抢险的需要积极提供有利条件,完成各自承担的抢险任务。

第二节　堤坝险情的抢护

堤坝险情的抢护措施,应根据具体情况而定。其中,裂缝、滑坡及护坡破坏的抢护可参考第五章的有关方法进行,本节主要介绍防止堤坝漫顶和堤防在度汛中的常见险情和抢护方法。

一、堤防险情巡查

巡堤查险是指进入汛期后,由于堤防及修建在堤防上的穿堤建筑物都有随时出现渗漏、裂缝、滑坡等险情的可能,必须日夜巡视,一旦发现险情应及时抢护的工作。这是进入汛期后一项极为重要的工作,其任务、制度和方法的要点如下。

(一)连续巡查且临背并重

在达到设防水位以后,巡堤查险工作应连续进行,不得间断,可根据工情和水情间隔一定时间派出巡查小组连续巡查,以便保证及时发现险情,及时抢护,做到治早、治小。

巡堤查险时,对堤防的临水坡、背水坡和堤顶要一样重视。巡查临水坡时要不断用探水杆探查,借助波浪起伏的间歇查看堤坡有无裂缝、塌陷、滑坡、洞穴等险情,也要注意水面有无旋涡等异常现象。在风大流急、顺堤行洪和水位骤降时,要特别注意岸坡有无崩塌现象。背水坡的巡查往往易被忽视,尤应注意。在背水坡巡查时要注意有无散浸、管涌、流土、裂缝、滑坡等险情。对背河堤脚外 50 ~ 100 m 范围内地面的积水坑塘也要注意巡查,检查有无管涌、流土等现象,并注意观测渗漏的发展情况。堤顶巡查主要观察有无裂缝及穿堤建筑物的土石结合部有无异常情况。

(二)巡堤查险制度

为了使巡堤查险顺利进行,保证防汛安全,须制定严格的制度。一般有以下的工作制度:

(1)巡查制度。巡查人员必须听从指挥,坚守阵地,严格按照巡堤查险的方法及注意事项进行巡查。

(2)交接班制度。交接班应紧密衔接,上一班人员必须向下一班人员交待水情、工程情况、工具物料情况,以及需要注意和尚待查清的问题,必要时可共同巡查一次。

(3)值班制度。防汛各级指挥人员必须轮流值班,坚守岗位,随时了解辖区有关情况,做好记录,及时向上汇报和向下传递情况。

(4)汇报制度。交接班时,班(组)长要向负责防守的值班干部汇报巡查情况。值班干部如无特殊情况亦要逐日向上级主管部门汇报巡查情况。如有特殊情况要随时汇报。

(5)请假制度。上堤防守人员要严格遵守防汛纪律,不得擅自离开防守现场,必须离开时需请假,并在获同意后安排好接班人员方可离开。

(6)奖惩制度。防汛人员上堤后要经常进行检查评比。对工作认真、完成任务好的要表扬,做出显著贡献的要给予奖励;对不负责任的要批评教育;对玩忽职守造成损失的,要追究责任,严肃处理。

（三）巡查方法

每组巡查人员一般为5~7人。出发巡查时，应按迎水坡水面线、堤顶、背水坡、堤腰、堤脚成横排分布前进，严禁出现空白点。根据各地经验，要注意“五时”，做好“五到”，掌握好“三清”、“三快”。

“五时”是：

（1）黎明时。此时查险人员困乏，精力不集中。

（2）吃饭换班时。交接制度不严格，巡查易间断。

（3）天黑时。巡查人员看不清，且注意力集中在行走道路上，险情难于发现。

（4）刮风下雨时。注意力难集中，险情往往为风雨所掩盖。

（5）大河落水时。此时紧张心情缓解，思想易麻痹。

“五到”是指巡查时要做到眼到、手到、耳到、脚到、工具料物随人到。脚到指借助于脚走的实际感觉来判断险情。

“三清”是指险情要查清，辨别真伪以及出险原因；险情要说清出险时间、地点、现象等；报警信号要记清，以便及时组织力量，针对险情特点进行抢险。

“三快”是：

（1）发现险情要快。巡堤查险时要及时发现险情，争取把险情消灭在萌芽状态。

（2）报告险情要快。发现险情，无论大小都要尽快向上级报告，以便上级掌握出险情况，迅速采取有力的抢护措施。

（3）抢护快。凡发现险情，均应立即组织力量及时抢护，以免小险发展成大险，增加抢险的难度和危险。

二、防止堤坝洪水漫顶措施

漫溢将会直接导致堤防溃决。例如，1855~1938年，黄河山东段堤防共决口424处，其中漫溢184处。1931年长江大水，沿线堤决17处，多为漫溢，淹死18万人。1975年8月，淮河上游发生特大暴雨，造成板桥、石漫滩两座大型水库大坝漫溢失事，损失惨重。

（一）出现漫顶的原因和抢护原则

土质堤坝是散粒体结构，洪水漫顶极易引起溃坝事故。出现洪水漫顶的主要原因如下：

（1）上游发生特大洪水，或分洪未达到预期效果，来水超过堤坝设计标准，水位高于堤坝顶。

（2）在设计时，对波浪计算的成果与实际不符，致使在最高水位时漫顶。

（3）施工中堤坝均未达到设计高程，或由于地基软弱，填土夯压不实，以致产生过大的沉陷量，使堤坝顶低于设计值。

（4）水库溢洪道、泄洪洞尺寸偏小或有堵塞。

（5）河道内有阻水障碍物，洪水宣泄不畅，水位壅高，或因淤积严重过水断面减小，相应抬高水位。

（6）地震、潮汐或库岸滑坡，产生巨大涌浪而导致漫顶。

洪水漫顶的抢护原则是增大泄洪能力控制水位、加高堤坝增加挡水高度及减小上游来水量削减洪峰。

(二)加大泄洪能力,控制水位

加大泄洪能力是防止洪水漫顶,保证堤坝安全的措施之一。对于圩堤,要加强河道管理,事先清除河道阻水障碍物,增加河道泄洪能力。对于水库,则应加大泄洪建筑物的泄洪能力,限制库水位的升高。对于有副坝和天然垭口的水库枢纽,当主坝危在旦夕,采取其他抢险措施已不能保住主坝时,也有破副坝和天然垭口来降低库水位的,但它将给下游人民的生命财产带来一定损失。同时,库水位的骤然下降可能使主坝上游坡产生滑坡,且修复的工程量可能较大,必须特别慎重。

(三)减小来水流量

上游采用分洪截流措施,减小来水流量。要对大型水库或重要江河堤防的安全进行保护,因为这些部位的破坏将引起重要城镇、工矿企业和人民生命财产的重大损失。因此,需在上游选择合适位置建库或设置分洪区进行拦洪和分洪,以减小下泄洪峰流量,保证下游堤坝的安全。例如,为确保武汉三镇的防洪安全,在长江中游沙市附近开辟了荆江分洪区,在汉江中游兴建了杜家台分洪工程。当武汉市的长江水位可能超过现有堤防承受能力时,打开荆江分洪工程,可削减下泄洪峰流量 10 800 m^3/s,保证武汉三镇的安全。黄河中游开辟了北金堤滞洪区和东平湖分洪区,其目的是保护济南市及下游沿黄城市和厂矿企业的防洪安全。又如,1998 年长江大洪水,特别是在战胜第四次和第六次洪峰的过程中,隔河岩水库、葛洲坝水利枢纽、丹江口水库对长江干流削峰错峰起到了重要作用。

(四)抢筑子堤,增加挡水高度

如泄水设施全部开放而水位仍迅速上涨,根据上游水情和预报,有可能出现洪水漫顶危险时,如果时间允许,可对原堤防培厚加高。例如,1954 年武汉市防汛总指挥部及时正确地分析了水文气象情报,前后决定五期堤防加高加固,每期工程都赶在洪峰到来之前完成,争取了抗洪的主动。如果防洪情况紧急,不允许将堤身普遍培厚加高时,为防止洪水漫溢,常采用在堤顶抢筑子堤的办法,度过大汛。1998 年,长江中下游在许多堤段面临漫溢危险时,出现了靠 1 ~ 2 m 高的子堤挡水的超常状态,避免了漫溢险情的发生。子堤有如图 6-1 所示的几种型式。填筑子堤要全段同时进行,分层夯实。为使子堤与原堤结合良好,填筑前应预先清除堤坝顶的杂草、杂物,刨松表土,并在子堤中线处开一条深宽各为 0.3 m 的结合槽。子堤迎水坡脚一般距上游堤(坝)肩 0.5 ~ 1.0 m 或更小,子堤的取土地点一般应在堤(坝)脚 20 m 以外,以不影响工程安全和防汛交通为宜。

子堤型式由物料条件、原堤(坝)顶的宽窄及风浪大小来选择,一般有以下几种。

1. 土料子堤

土料子堤是采用土料分层填筑夯实而成的。子堤一般顶宽不小于 0.6 m,上下游坡不小于 1∶1,如图 6-1(a)所示。土料子堤具有就地取材、方法简便、成本低以及汛后可以培厚加高成为正式堤(坝)身而不需拆除的优点;但其他体积较大,抵御风浪冲刷能力弱,下雨天土壤含水量过大,难以修筑坚实等缺点。土料子堤适用于堤(坝)顶较宽、取土容易、洪峰持续时间不长和风浪较小的情况。

2. 土袋子堤

土袋子堤由草袋、塑料袋、麻袋等装土填筑,并在土袋背面填土分层夯实而成,如

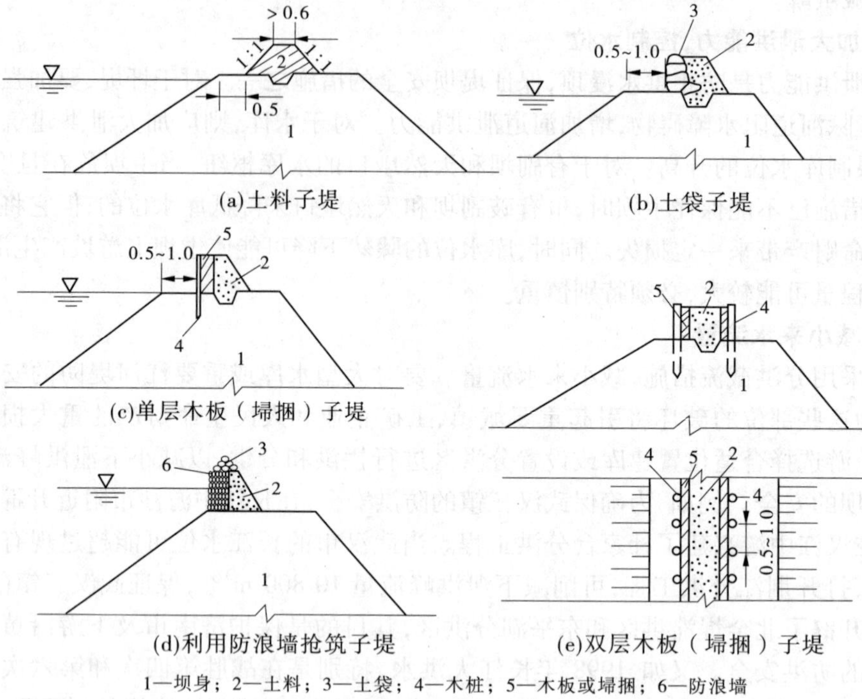

图6-1　抢筑子堤示意图　（单位：m）

图6-1(b)所示。填筑时，袋口应向背水侧，最好用草绳、塑料绳或麻绳将袋口缝合，并互相紧靠错缝，袋口装土不宜过满，袋层间稍填土料，尤其是塑料编织袋，以便填筑紧密。土袋子堤体积较小而坚固，能抵御风浪冲刷，但成本高，汛后必须拆除。土袋子堤适用于堤坝顶较窄和风浪较大的情况。

3. 单层木板(埽捆)子堤

在缺乏土料、风浪较大、堤(坝)顶较窄、洪水即将漫顶的紧急情况下，可先打一排木桩，桩长1.5~2.0 m，入土0.5~1.0 m，桩距1.0 m，再在木桩后用钉子或铅丝将单层木板或预制埽捆(长2~3 m、直径0.3 m)固于木桩上，如图6-1(c)所示。在木板或埽捆后面填土分层夯实筑成子堤。

4. 利用防浪墙抢筑子堤

当坝顶设有防浪墙时，可在防浪墙的背水面堆土夯实，或用土袋铺砌而成子堤。当洪水位有可能高于防浪墙顶时，可在防浪墙顶以上堆砌土袋，并使土袋相互挤紧密实，如图6-1(d)所示。

5. 双层木板(埽捆)子堤

在当地土料缺乏、堤(坝)顶窄和风浪大的情况下，可在堤(坝)顶两侧打木桩，然后在木桩内壁各钉木板或埽捆，中间填土夯实而成，如图6-1(e)所示。这种子堤在坝顶占的面积小，比较坚固，但费木料、成本高、抢筑速度较慢。

6. 充水式橡胶子堤

沈阳成禧贸易有限公司生产的CX－ZD80“充水式橡胶子堤”，为堤坝漫溢快速抢险提供了一套新设备。该设备采用新型薄片橡胶作坝袋，土工膜作护坦，以水作坝体填充材料构筑防洪子堤，高效快捷，适应性强，特别是在土料缺乏或取土困难时，更显其优越性，同时便于储运和回收重复利用，通常可作为江河流域或省、市定点仓库抢险储备器材，或直接装备于抗洪抢险特种部队和机动抢险队。

三、散浸的抢护

(一)险情及出险原因

在汛期高水位情况下，下游坡及附近地面，土壤潮湿或有水流渗出的现象，称为散浸。散浸如不及时处理，有可能发展为管涌、滑坡，甚至发生漏洞等险情。出现散浸的主要原因如下：

(1)堤(坝)身修筑质量不好。

(2)堤(坝)身单薄，断面不足，浸润线可能在下游坡出逸。

(3)堤身土质多砂，透水性大，迎水坡面无透水性小的黏土截渗层。

(4)堤(坝)浸水时间长，堤(坝)身土壤饱和。

(二)抢护原则及抢修方法

散浸的抢护原则是“临河截渗，背河导渗”。切忌背河使用黏土压渗，因为渗水在堤身内不能逸出，势必导致浸润线抬高和浸润范围扩大，使险情恶化。下面讲述一般的抢护方法。

1. 临河帮戗

临河帮戗的作用在于增加防渗层，降低浸润线，防止背河出险。凡临河水深不大，附近有黏性土壤，且取土较易的散浸堤段可采用这种措施。前戗顶宽 3 ~ 5 m，长度超出散浸段两端 5 m，戗顶高出水面约 1 m。断面如图 6-2 所示。

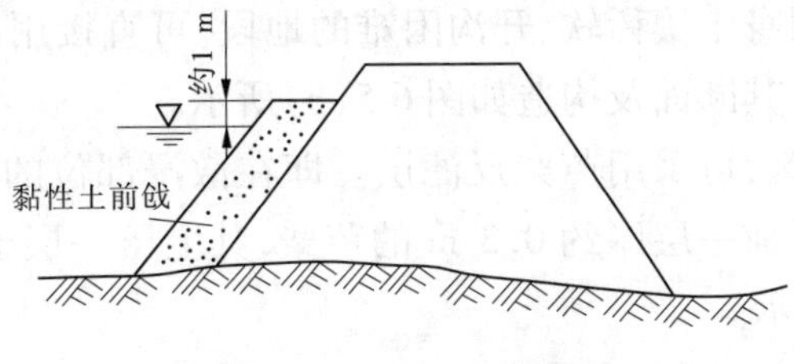

图 6-2　临河帮戗示意图

2. 修筑压渗台

堤(坝)身断面不足，背坡较陡，当渗水严重有滑坡可能时，可修筑柴土后戗，既能排出渗水，又能稳定坝坡，加大堤(坝)身断面，增强抗洪能力。具体方法是挖除散浸部位的烂泥草皮，清好底盘，将芦柴铺在底盘上，柴稍向外，柴头向内，厚约 0.2 m，上铺稻草或其他草类，厚 0.1 m，再填土 1.5 m，做到层土层夯，然后再照上述做法铺放芦柴、稻草并填土，直至阴湿面以上。断面如图 6-3 所示。柴土后戗在汛后必须拆除。

在砂土丰富的地区，也可用砂土代替柴土修做后戗，称为砂土后戗，也称为透水压渗台。其作用同柴土后戗，其断面如图 6-4 所示。

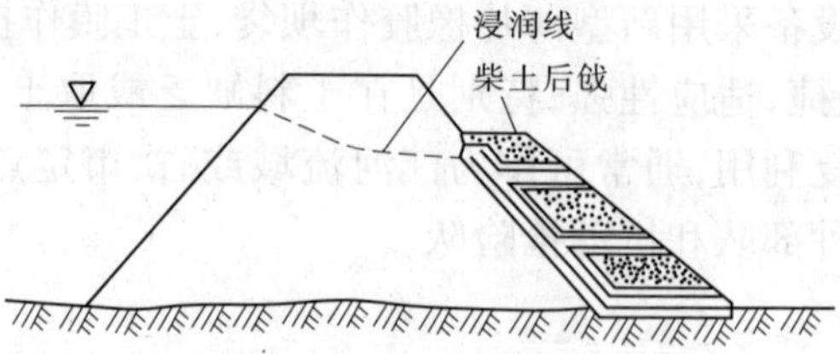

图 6-3　柴土后戗示意图

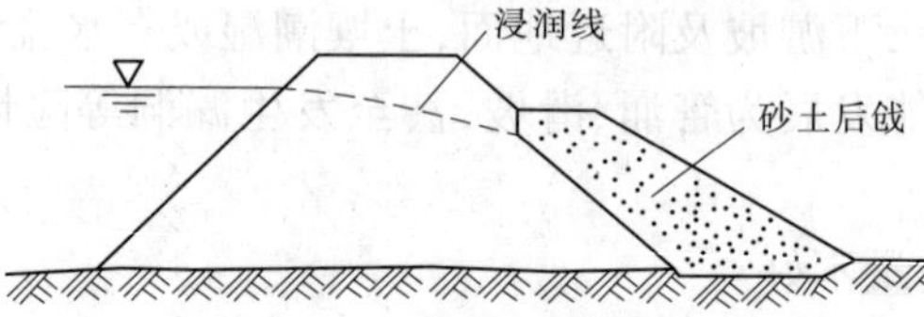

图 6-4　砂土后戗示意图

3. 抢挖导渗沟

当临河水位继续上涨，背河大面积严重渗透，且继续发展可能滑坡时，可开沟导渗。从背水坡自散浸的顶点或略高于顶点的部位起到堤（坝）脚外止，沿堤（坝）坡每隔 6～10 m 开挖横沟导渗，在沟内填砂石，将渗水集中在沟内并顺利排走。开挖导渗沟能有效地降低浸润线，使堤（坝）坡土壤恢复干燥，有利于堤（坝）身的稳定。砂石缺乏而芦柴较多的地方，可采用芦柴沟导渗来抢护散浸险情。即在直径 0.2 m 的芦柴外面包一层厚约 0.1 m 的稻草或麦秸等细梢料，捆成与沟等长，放入背水坡开挖成的宽 0.4 m、深 0.5 m 的沟内，使稻草紧贴坝土，其上用土袋压紧，下端柴梢露出坝脚外。

4. 修筑反滤层导渗

在局部渗水严重、坝身土壤稀软、开沟困难的地段，可直接用反滤材料砂石或梢料在渗水堤坡上修筑反滤层，其断面及构造如图 6-5(a) 所示。

在缺少砂石料的地区，可采用芦柴反滤层。即在散浸部位的坡面上先铺一层厚 0.1 m 的稻草或其他草类，再铺一层厚约 0.3 m 的芦柴，其上压一层土袋（或块石）使稻草紧贴土料。如图 6-5(b) 所示。

四、漏洞的抢护

（一）险情及出险原因

背河堤坡或堤脚附近如果发生流水洞，流出浑水，也有时是先流清水，逐渐由清变浑，这就是严重的险情——漏洞。如果出现漏洞险情，不及时抢护往往很快就会导致堤坝的溃决。出现漏洞险情的主要原因如下：

(1) 堤（坝）身质量差，渗流集中，贯穿了堤（坝）身。

(2) 堤（坝）内存在隐患（如裂缝、洞穴、树根等），一旦水位涨高，渗水就会在隐患处流出。

(3) 散浸、管涌处理不及时，逐渐演变成为漏洞。

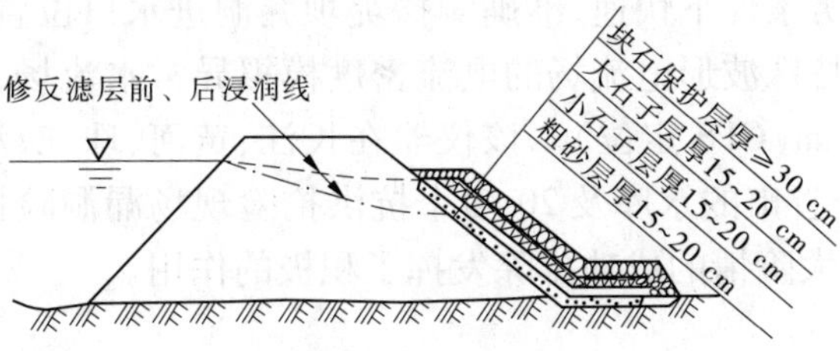

(a)砂石反滤层

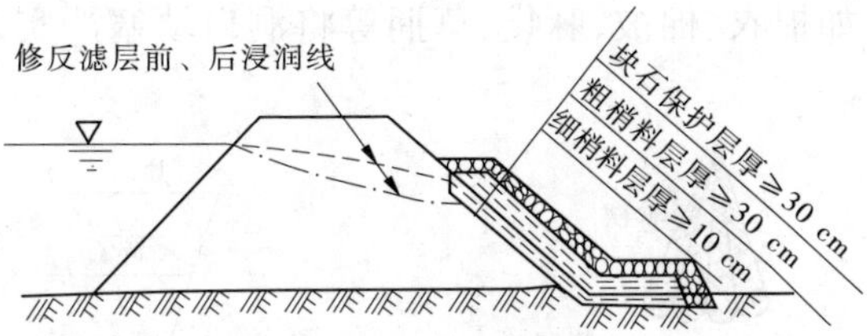

(b)梢料反滤层

图 6-5　砂石、梢料反滤层示意图

(二)抢护原则及抢修方法

漏洞的抢堵原则是“临河堵截断流，背河反滤导渗，临背并举”。

1. 漏洞的探测

临河堵塞必须首先探寻漏洞的进水口，常用探寻进水口的方法如下。

(1)观察水流。漏洞较大时，其进口附近的水面常出现旋涡，若旋涡不明显时，可在比较平静的水面上撒些碎麦秸、锯末、谷糠等，若发生旋转或集中一处，进水口可能就在其下面。有时也可在漏水洞迎水侧的适当位置，将有色液体倒入水中，并观察漏洞出口的渗水，如有相同颜色的水逸出，即可断定漏洞进口的大致位置。当风浪较大、水流较急时不宜采用此法。

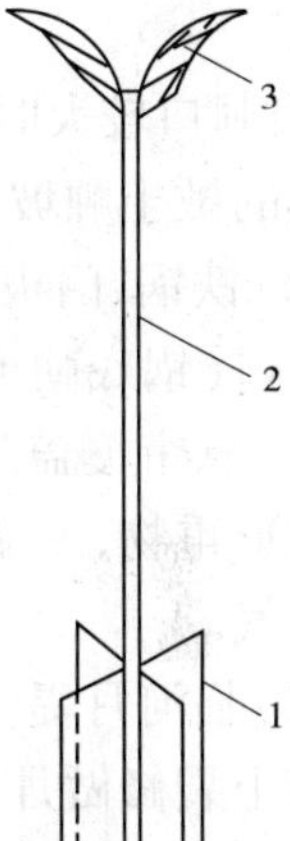

1—薄铁皮；2—麻杆；3—羽毛

图 6-6　探漏杆示意图

(2)探漏杆探测。探漏杆是一种简单的探测漏洞的工具，杆身是长 1 ~ 2 m 的麻杆，用白铁皮两块(各剪开一半)相互垂直交接，嵌于麻杆末端并扎牢，麻杆上端插两根羽毛，如图 6-6 所示。制成后先在水中试验，以能直立水中，上端以露出水面 10 ~ 15 cm 为宜。探漏时在探漏杆顶部系上绳子，绳的另一端持于手中，将探漏杆抛于水中，任其漂浮。若遇漏洞，就会在旋流影响下吸至洞口并不断旋转，此法受风浪影响较小，深水处也能适用。

(3)潜水探漏。当漏洞进水口处水深较大，水面看不见旋涡，或为了进一步摸清险情，确定漏洞离水面的深度和进口的大小，可由水性好的人或专业潜水人员潜入水中探摸。此法应注意安全，事先必须系好绳索，避免潜水人员被水吸入洞内。

(4)仪器探测。近年来，有不少单位致力于堤坝工程隐患探测仪的研究。其中，中南大学地球物理勘测新技术研究所研制的“DB - 3”普及型堤坝漏洞检测仪是目前国际上唯一能实际应用于汛期恶劣条件下快速、准确测探堤坝漏洞进水口位置的仪器。该仪器通过测定水中人为发射的特殊波形电流场的电流密度模拟异常水流场,适时判断漏洞进水口位置,其精度优于1.0 m(GPS定位)。该仪器在长江、黄河、珠江、淮河、汉江等流域及洞庭湖水域以及10余个省市的水库及20多个抗洪抢险现场漏洞险情的快速探测中,准确率达100%,为多个重大险情的成功排除发挥了积极的作用。

2. 堵塞漏洞进口

(1)软楔堵塞。当漏洞进口较小,且洞口周围土质较硬的情况下,可用网兜制成软楔,也可用其他软料如棉衣、棉被、麻袋、草捆等将洞口填塞严实,然后用土袋压实并浇土闭气,如图6-7所示。

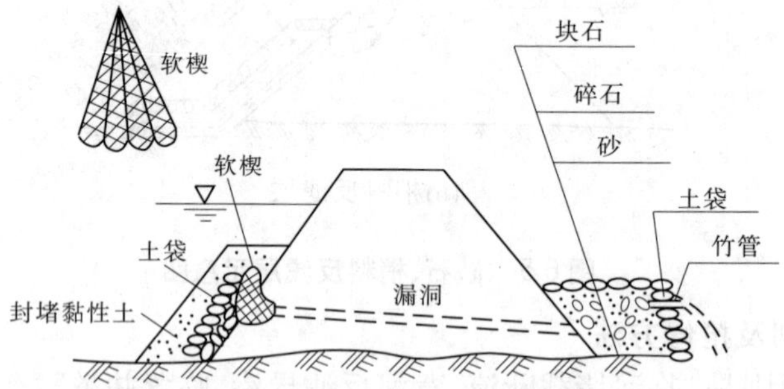

图6-7 临河堵漏背河筑反滤围井示意图

当洞口较大时,可以用数个软楔(如草捆等)塞入洞口,然后应用土袋压实,再将透水性较小的散土顺坡推下,铺于封堵处,以提高防渗效果。

(2)铁锅、门板堵洞。在洞口不大、周围土质较硬时,可用大于洞口的铁锅(或门板)扎住洞口(锅底朝下,锅壁贴住洞缘),然后用软草、棉絮塞紧缝隙,上压土袋。

(3)软帘覆盖。如果洞口土质已软化,或进水口较多,可用篷布或用芦席叠合,一端卷入圆形重物,一端固定在水面以上的堤坡上,顺堤坡滚下,随滚随压土袋,用土袋压实并浇土闭气。

(4)临河月堤。当漏洞较多,范围较大且集中在一片时,如河水不太深,可在一定范围内用土袋修做月堤进行堵塞,然后在其中浇土闭气。

堵塞进水口是漏洞抢护的有效方法,有条件的应首先采用。应当指出,抢堵时切忌在洞口乱抛块石土袋,以免架空,增加堵漏难度。不允许在进口附近打桩,也不允许在漏洞出口处用此法封堵,否则将使险情扩大,甚至造成堤坝溃决的后果。

3. 背河滤水围井减压

(1)滤水围井。为了防止漏洞扩大,在探测漏洞进口位置的同时,应根据条件在漏洞出口处做滤水围井,以稳定险情。滤水围井是用土袋把出口围住,内径应比漏洞出口大些。围井自下而上分层铺设粗砂、碎石、块石,每层0.2~0.3 m,组成反滤层。渗漏严重的漏洞,铺设反滤料的厚度还可以加厚,以使漏水不带走土粒,如图6-7所示。漏洞较小的可用无底水桶作围井,内填反滤材料。砂石料缺乏的地区,可用草、炉渣、碎砖等作反滤层。最后在围井上部安设竹管将清水引出。此法适用于进口因水急洞低无法封堵、进口位置难以找到的浑水漏洞,或作为进口封堵不住仍漏浑水时的抢护措施。有的围井不铺反滤层,利用井内水柱来减少漏洞出口处的流速,这样的围井需做得较高,但因井内水深过大易破坏围井周围土层,造成新的险情,故仅适用于进出口水位差不大的情况。

(2)水戗减压。当漏洞过大,有发生溃决危险,或漏洞较多,不可能一一修做反滤围井时,可以在背河抢修月堤,并在其间充水为水戗,借助水压力减小或平衡临河水压力,减缓漏洞威胁。

五、管涌的抢护

(一)险情及出险原因

在堤坝背水坡脚附近,或堤脚以外的洼坑、水沟、稻田中出现孔眼冒砂翻水的现象称之为管涌,又称泡泉。由于冒砂处往往形成“砂环”,故又称“土沸”或“砂沸”。管涌孔径小的如蚁穴,大的数十厘米,少则出现一二个,多时可出现管涌群。管涌的发展是导致堤坝溃决的常见原因。管涌险情在冲积河流堤防工程中非常普遍,1998 年长江大洪水,江西省九江市、湖北省孟溪大垸、簰洲河镇垸等发生溃堤决口,均系管涌所致。管涌一般发生在堤内坡脚附近的地面上或较远处的潭坑、水井、池塘、稻田内,尤以发生在池塘内的管涌,危险性最大,因为它不易被发现,而其发展又快,故难以处理。出现管涌险情的主要原因如下:

(1)堤坝为砂质地基,施工时清基不彻底,未能截断堤坝下的渗流,渗水经地基而在背河逸出。

(2)堤坝基础表层为黏性土,深层为透水地基,由于天然或人为因素破坏了上游天然铺盖,而下游取土过近、过深,引起渗透坡降过大,发生渗透破坏,形成管涌。

(二)抢护原则及抢修方法

由于管涌发生在深水的砂层,汛期很难在迎水面进行处理,一般只能在背水面采取制止漏水带砂而留有渗水出路的措施稳住险情。它的抢护原则是“反滤导渗,制止涌水带出泥沙”。其具体抢险方法如下。

1. 反滤围井

当堤坝背面发生数目不多、面积不大的严重管涌时,可用抢筑围井的方法。先在涌泉的出口处做一个不很高的围井,以减小渗水的压力及流速,然后在围井上部安设管子将水引出。如险处水势较猛,先填粗砂会被冲走,可先以碎石或小块石消杀水势,然后再按级配填筑反滤层。若发现井壁渗水,可距井壁 0.5 ~ 1.0 m 位置再围一圈土袋,中间填土夯实。

2. 减压围井

管涌的范围较大,出现多处泡泉,临背水位差较小时,可以在管涌的周围形成一个水池,利用池内水位升高,减小内外水头差,以改善险情。围井的修筑方法可视管涌的范围、当地的材料而定。用土袋筑成的围井称为土袋围井;用铁筒直接做成的围井称为铁筒围井。也可用土料或土袋筑成月堤的型式。减压围井的布置如图 6-8 所示。

3. 反滤铺盖

在出现管涌较多且连成一片的情况下可修筑反滤铺盖。采用此法可以降低渗压,制止泥沙流失。管涌发生在堤坝后面的坑塘时,可在管涌的范围内抛铺一层厚 15 ~ 30 cm

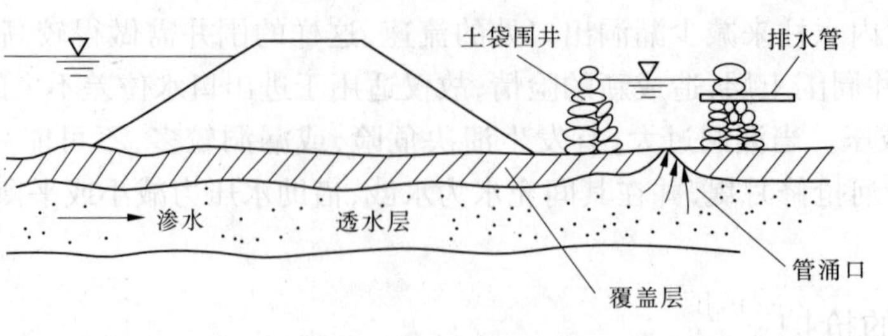

图 6-8　减压围井示意图

的粗砂，然后再铺压碎石、小片石，形成反滤。在砂石缺乏地区可用柳枝扎柴排，厚 15 ~ 30 cm，上铺草垫厚 5 ~ 10 cm，再压以土袋或块石，使柴排沉入水内管涌位置。在抢筑反滤铺盖时，不能为了方便而随意降低坑塘内积水位。

实践证明，利用土工织物制作反滤铺盖，治理渗漏和管涌效果十分显著。例如，安徽省蒙洼圈堤、城西湖蓄洪大堤，1991 年汛期，因淮河连续 5 次洪峰，高水位持续时间较长，城西湖蓄洪大堤多处出现翻沙鼓水现象。在紧急情况下，采用渗透系数 $k=2.5\times10^{-2}$ cm/s，等效孔径 $O_{95}=0.047$ mm 的无纺土工织物覆盖水眼，压住冒沙，形成反滤，30 min 后，即冒清水。又如，江西省都昌县矶山湖圩中、下两主堤堤基有相当一部分是砂或加砂层，下堤堤基有 1 000 m 长为淤泥层。1954 年、1958 年汛期两次因管涌险情溃决。1984 年针对长 230 m、宽 150 m 的最严重的管涌带，以级配砂砾料做成反滤铺盖。建成后未经洪水考验，便有一部分被挖作养鱼池，使堤后地下水位下降 2.1 m，增大了堤防临背水位差，对于抗洪不利，故 1988 年汛前在下堤南端长约 300 m、宽 20 余 m 的范围内铺设 6 000 m^2、质量为 300 g/ m^2 的针刺无纺布，上压 0.5 m 厚的砂砾料。1988 年 9 月长江大汛，当时堤内外水位差 7.08 m。9 月 14 晚，原铺砂砾反滤盖层段突然出现 10 m^2 的泡泉群，而土工织物反滤层段则是清水涓涓、安然无恙。后将上述 10 m^2 泡泉处改铺土工布，并加压砂砾料后，情况立即改观。土工织物与砂砾反滤料盖层相比，每平方米前者节约投资 1.7 元，省工 1/3。

4. 压渗台

用透水性土料修筑的压渗台可以平衡渗压，延长渗径，并能导渗滤水，阻止土粒流失，使管涌险情趋于稳定。此法适用于管涌较多、范围较大、反滤料不足而砂土料源丰富的情况。其修筑型式如图 6-9 所示。

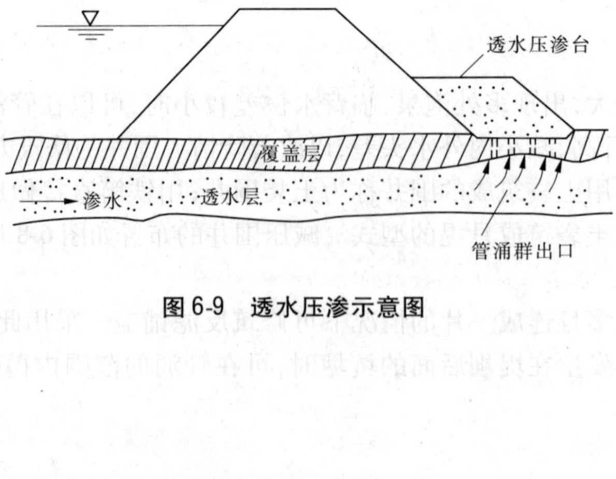

图 6-9　透水压渗示意图

六、防止风浪淘刷

（一）险情及出险原因

汛期涨水以后，堤前水深增大，堤坡受风浪进退的连续冲击和淘刷而出现浪坎、坍塌、滑坡等现象，称为风浪险情。风浪险情如不及时控制，将引起堤防的严重坍塌而至溃决。1954 年洞庭湖区、鄱阳湖区的圩垸大部分溃决，风浪的破坏是重要原因之一。同年，汉口张公堤外湖水位接近堤顶时，防风浪工程处于首要地位。

出现风浪险情的主要原因如下：

（1）无块石护坡的堤段断面单薄，筑堤土质不好，施工碾压不密实以及基础不良等，或者是块石护坡施工质量不好。

（2）堤前水深大、堤距宽、吹程大、风速强以及风向指向堤防等。

（二）抢护原则及抢修方法

风浪的抢险原则是"破浪固堤"。一般是利用漂浮物来消减风浪冲力，用防浪护坡工程在堤坡受冲刷的范围内进行保护，其具体抢护方法有如下几种：

（1）柴排护坡防浪。在风浪较小时，可用柳、苇、梢料捆扎成直径为 10 cm 的柴把，然后扎成 2 m 宽、3 m 长的防浪排铺在堤坡上，并压上石块等重物，将其一端系在堤顶小桩上，随水的涨落拉下或放下，调整柴排上下的位置，如图 6-10 所示。

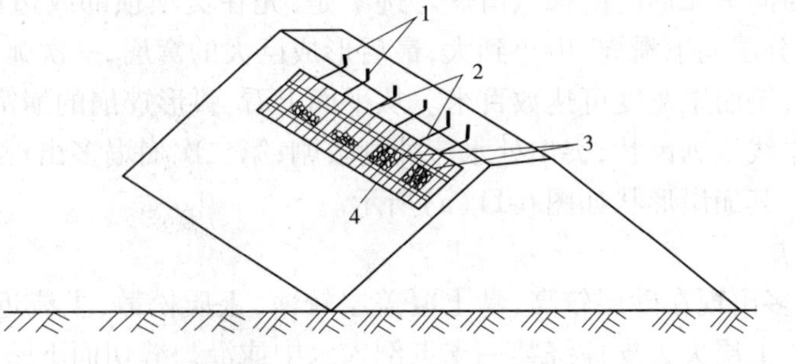

1—木板；2—铅丝；3—大石块；4—柴把

图 6-10　活动防浪排

（2）浮排防浪。将梢径为 5 ~ 15 cm 的圆木（或茅竹）用铅丝或绳子扎成排，圆木（或茅竹）的间距为 0.5 ~ 1.0 m，排的宽度应等于或大于波浪长度，木排方向应与波浪传来的方向垂直。根据水面宽度和风浪的情况，同时可将一块或数块木排连接起来，放于堤坝防浪位置水面，并用绳子系牢，固定于堤坝顶的木桩上。

（3）桩柳防浪。在堤身受风浪冲击的范围内打桩铺柳，直至超出水面 1 m 左右，也能起到固堤防浪的作用。

上述三种措施都可以缓和流势，减缓流速，促淤防塌，起到破浪固堤的作用。

（4）土袋护坡防浪。在堤防临水坡抗冲性差，当地又缺乏秸、柳、圆木等软料，且风浪袭击较严重的堤段，可用草袋或麻袋、塑料编织袋装土或砂石，放置在波浪上下波动的范围内，袋口用绳缝合，互相叠压成鱼鳞状。土袋能加固堤防防止风浪冲击。

（5）土工织物防浪。用土工织物展铺于堤坡迎浪面上，并用预制混凝土块或石袋压牢,也可抗御风浪袭击。土工织物的尺寸应视堤坡受风浪冲击的范围而定,其宽度一般不小于4.0 m,较高的堤防可达8~9 m。宽度不足时,需预先黏结或焊接牢固;长度不足时,可允许搭接,搭接长度不少于10 cm。铺放前应将堤坡杂草树木清除干净。织物上沿应高出洪水位1.5~2.0 m。

七、岸坡崩塌

崩塌是指堤坝临水坡在水流作用下发生的险情,崩塌是常见险情之一。如荆江河段崩岸险工共11段、长56 245 m,这些河段堤外无滩或滩地很窄,主流顶冲,深泓紧逼,汛期常发生此类危险险情。

(一)险情和出险原因

1. 险情

崩岸是水流与河岸相互作用的结果,其形式是随着崩岸部位,滩槽高差,主流离岸远近和河岸土质组成等变化而有所不同。大致可分为弧形矬崩,条形倒崩,风浪洗崩和地下水滑崩等四类。

1)弧形矬崩

弧形矬崩一般发生在砂层较低,黏土覆盖层较厚,水流冲刷严重的弯道"常年贴流区",这一区域内,崩岸强度最大。当岸脚受水流淘刷,洗空砂层后,上面覆盖层土体失去平衡,平面和横向呈弧形的阶梯状滑矬。迹象是:先在堤坝顶部或边坡上出现弧形裂缝,然后整块土体分层向下滑矬,由小到大,最后形成巨大的窝崩,一次弧宽可达数十米,弧长可达100余米,年崩岸宽度可达数百米。从平面上看,弧形矬崩的崩窝是逐步发展的。每一次崩塌后,岸线呈锯齿状,突出处水流冲刷较剧;第二次崩塌多出现在突嘴部位,从而使岸线均匀后退,其崩岸形状如图6-11(a)所示。

2)条形倒崩

条形倒崩多出现在砂层较高,黏土覆盖层较薄,土质松散,主流近岸的河段。当水流将砂层淘空后,上层失去支撑绕某一支点倒入水中或沿裂缝切面下坠入水。崩塌后,岸壁陡立,崩塌土体呈条形,如图6-11(b)所示。一次崩宽比矬崩小,但崩塌频率比矬崩大且呈不间断连续崩退。

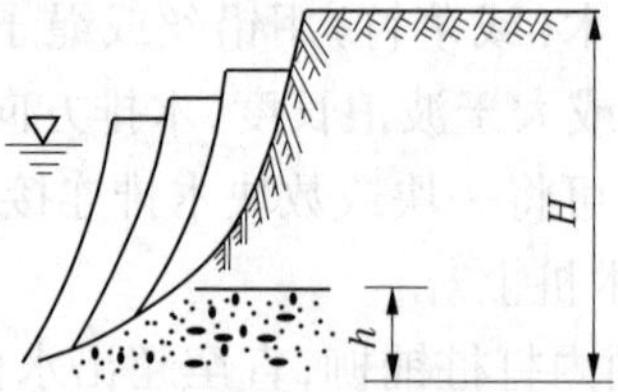

(a)弧形矬崩

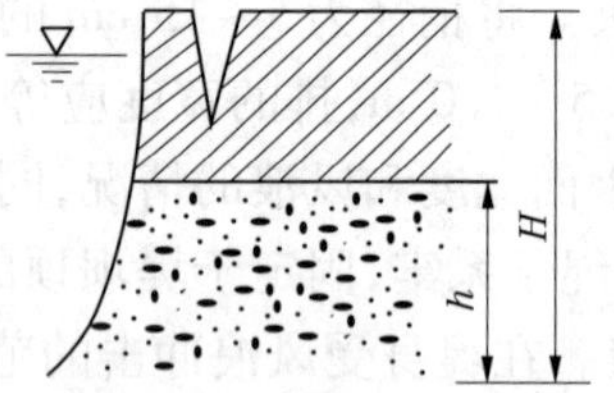

(b)条形倒崩

图6-11 坍塌险情类型

3)风浪洗崩

当堤坝受风浪的冲击淘刷或受波谷负压抽吸作用时,轻则把堤坝冲成陡坎,使堤坝发生浪崩险情,重则使堤坝遭到严重破坏,甚至溃口成灾。如1954年洪湖堤段,因江面宽阔，受风浪袭击，致使堤身崩塌大半，以致失去应有的抗洪能力。

4）地下水滑崩

汛期河水位高于地下水位，河水补给地下水，因而对崩岸起抑制作用。枯季地下水回渗入河，或汛期洪水位陡涨急落以及水库大量泄水时，堤坝外坡失去反撑，加之堤坝浸水饱和，抗剪强度降低而发生崩塌（俗称落水险）。

2. 原因分析

因水流冲刷堤坝，浸泡后土体内部的摩擦力和黏结力抵抗不住土体的自重和其他外力，使土体失去平衡而坍塌。堤坝发生坍塌有以下几种情况：

（1）主流或边流的冲刷，如水流坐弯和转折处水流顶冲堤防，河流凹岸引起横向环流以及宽河道发生横河，水流直冲堤防等情况，均能造成堤防坍塌险情。

（2）堤坝基础为细粉砂土，不耐冲刷，常受溜势顶冲而被淘空；因地震使砂土地基液化，均可能造成严重坍塌。

（3）洪峰陡涨陡落，变幅大，水库大量泄水，水位急骤下降，堤坝坡失去稳定而崩塌。

（二）抢护原则和抢护方法

临水崩塌抢护原则是：缓流挑溜，护脚固坡，减载加帮。抢护的实质：一是增强堤坝的稳定性，如护脚固基、外削内帮等；二是增强堤坝的抗冲能力，如护岸护坡等。其具体抢护方法有如下几种。

1. 外削内帮

堤坝高大、无外滩或滩地狭窄，可先将临河水上陡坡削缓，以减轻下层压力，降低崩塌速度，同时在内坡坡脚铺砂、石、梢料或土工布做排渗体，再在其上利用削坡土内帮，临水坡脚抛石防冲（见图6-12）。

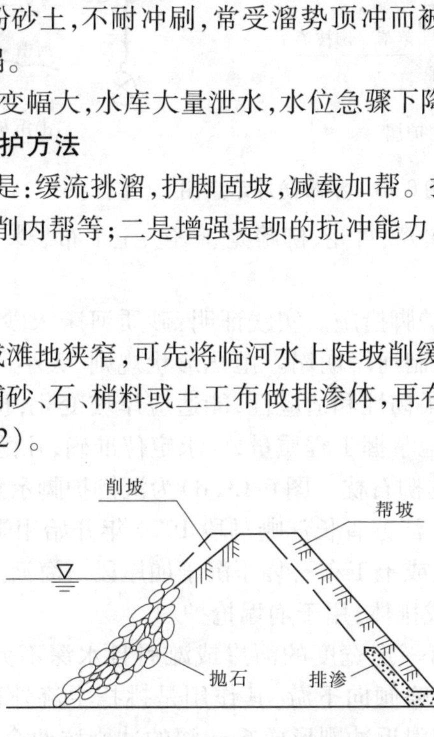

图6-12　外削内帮示意图

2. 护脚防冲

堤防受水流冲刷，堤脚或堤坡已成陡坎，必须立即采取护脚固基措施。护脚工程按抗冲物体不同可分为以下类型。

（1）抛石块、土（石）袋（草包、竹、柳、编织布）、柳树。抛石使用最为广泛，其原因是它具有施工简单灵活，易备料，能适应河床变形等特点，但要严格控制施工质量，其关键是控制移位和平面定位准确，水流紊乱的地方要另设定位船控制，力求分布均匀，达到设计要求。老点抛石加固应由远而近，如崩岸强度大，岸坡陡竣，施工进度慢的守护段应改为由近到远，特别要强调丁抛。这样施工，既可固脚稳坡，又可避免抛石成堆压垮坡脚。如图6-13（a）所示。

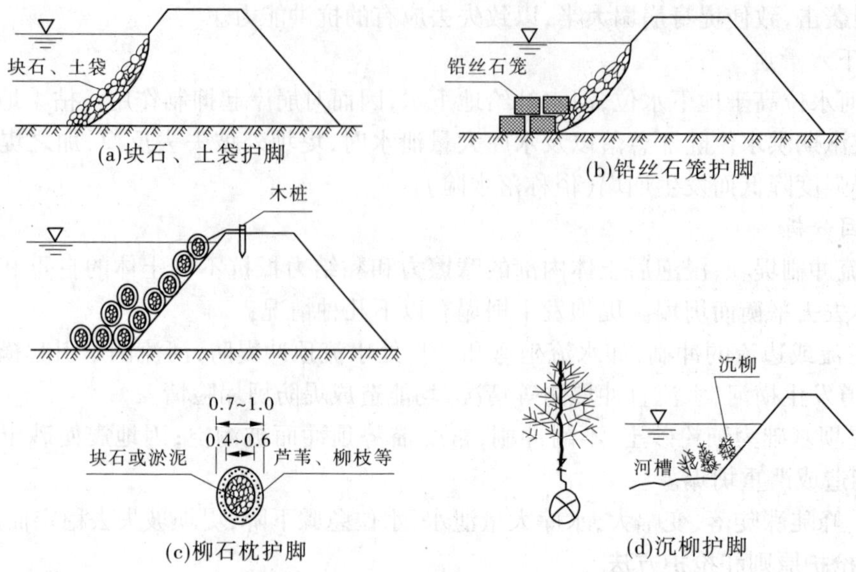

图 6-13　护脚防冲示意图　(单位:m)

水深流急之处,可用铅丝笼、竹笼、柳藤笼、草包、土工布袋装石抛护,图 6-13(b)为铅丝石笼护脚示意图。

抛枕是一种行之有效的护脚措施。实践证明:砂质河床床砂粒径小,单纯抛石,床砂易被水流带走,不能有效地控制河岸崩塌。抛枕形状规则,大小一致,较能准确地抛护在设计断面上,并具有整体性、柔韧性和适应性,能适应岸坡变化,抗冲性强,能有效地起到掩护河床的作用。为了更好地掌握工程质量,要求定位准确,凡抛枕断面,不得预先抛石,图 6-13(c)为黄河下游常用的柳石枕。图 6-13(d)为沉柳护脚示意图。

(2)编织布软体排抢护。江苏省长江嘶马段 1974 年开始用聚丙烯编织布、聚氯乙烯绳网构成软体排,用混凝土块或土工布石袋压沉于崩岸段。海河水利委员会试用 PP12 × 10 或 PP14 × 14 编织滤布做成排体,用于崩塌抢护。

(3)坝垛挑流。当堤外有一定宽度的河岸或滩唇且水深不大时,可在崩岸段抢筑短丁坝,丁坝方向与水流直交或略倾向下游,其作用是挑托主流外移。1986 年 8 月辽宁省路夹段辽河大堤,主流在堤脚附近冲刷形成 6 m 深的冲刷坑两个,当即抢修土丁坝、石丁坝各 1 条,长 10 余 m,挑开了主流,排除了险情。

(4)退建。洪水顶冲大堤,堤防坍塌严重而抢护不及或抢护失效,就应当机立断组织劳力退建。在弯道顶部退建要有充分宽度。退建堤防也要严格按标准修筑。

八、凌汛

(一)险情和出险原因

流冰堵塞,水位迅速上涨,抢救不及而漫溢决口。据统计,黄河下游 1855 ~ 1955 年因凌汛决溢的有 29 年。1941 年,黑龙江上游连金河曾出现冰坝上游水位每天上涨 6.12 m 的最高记录。北方河流冬季结成冰盖后,增加了湿周,减小了过水断面与水力半径,因此通过封冻前相同流量时,水位壅高而增加了河槽水量,称冰期壅水量。开河时,随着冰盖逐渐消融，冰期壅水量也逐渐转为流量下泄，使流量沿程增大，形成融冰洪水，特别是自低纬度流向高纬度的河段，因为封冻下（游）早于上（游），解冻下迟于上，冰盖下厚上薄，遇到河道弯曲，狭窄之处，易形成冰坝阻塞水流，导致水位迅速上升而形成冰塞洪水，冰坝崩垮时下游形成冰坝洪水。

我国北方水库冬季结冰，其特点是周边先冻，库心后冻；浅水先冻，深水后冻；无风早冻，有风晚冻。冰冻破坏有以下几方面：一是静水压力破坏，温度升高时，冰体膨胀9%，坝坡砌护工程被挤压推移而架空隆起；二是坝坡与冰盖冻结在一起，水位下降时产生力偶破坏；三是动冰撞击使砌体松动、翻转破坏。

（二）抢险原则和抢护方法

有条件河流可采用上游水库调度及分洪措施，无条件河流抢护原则应是采取各种方法，防止和破除冰坝，使凌汛洪水与流冰畅通下泄。

1. 上游水库调度

利用水库预蓄水量，根据天气预报，在即将封冰前增大和调匀下泄流量，达到推迟封河以及抬高冰盖的目的。在河道解冻前控制下泄流量，减少下游河道槽蓄量，即使形成冰塞，水位也不致有太大的壅高。

2. 分流

在容易形成冰塞产生凌汛威胁的河段修建减凌溢水堰，或运用沿河涵闸、分滞洪区分滞凌洪。

3. 破冰

（1）人工打冰撒土。其目的是使冰盖在开河时易于破碎和漂浮。

首先，在河道两边沿岸，普遍打一顺向冰沟，宽0.3～0.5 m，到完全打穿为止。如果河面宽度大于200 m，如图6-14所示。顺向冰沟，一方面为下泄的冰流开一溜道，另一方面也减弱了冰盖的整体性，促使其破裂。其次，在冰面上打凿宽0.2～0.3 m及深为冰厚1/2～2/3的冰沟，纵横成正方形网格状，在冰沟内撒土或炉灰高出冰面约2 cm，这样一方面减弱了冰凌强度，另一方面因灰土吸热，促冰融解。晚开河无大危险的河段，可稀打或不打，必须早开河者要密打。冰沟网格纵横间距，一般平顺河段20～30 m，急弯、狭窄、浅滩等河段，不大于5～10 m，水浅处可缩小，水深处可放大，但每边最大长度不宜超过弯道水深。打冰撒土在冰层太厚的情况下，则费力大而收效微。例如，黄河在内蒙古自治区境内，冰厚一般约为1 m，最厚有达2 m者，加上初春风多、风大，经验证明，在这种情况下，打冰撒土，对促冰融解效果不大。

打封口是在急弯、狭窄、浅滩等解冻较晚和容易卡塞成坝的重点河段，大面积的破除冰盖，以促使其解冻，适宜在气温上升将达0 ℃时进行。弯道封口，宜打在凹岸通溜处，因为通过弯道下泄的冰凌的压力中，除顺向的推压力，还有一横向分力，此力表现为拉力，其方向指向封口（即指向凹岸），可以促使冰盖破裂。打封口的方式，在国内使用破冰船还不多，常以炸药爆炸为主，人力为辅。

（2）炸药爆破。爆破冰盖时先在冰盖上按规定打孔，将炸药包装吊在冰盖下水中，用电雷管起爆，将冰盖层破开打通溜道，也可炸成方格网，将冰盖切割成很多块，促进开河流冰。对河道中大块流冰，为了防其卡塞，常用抛掷小药包或抛射集团药包进行爆破，大小

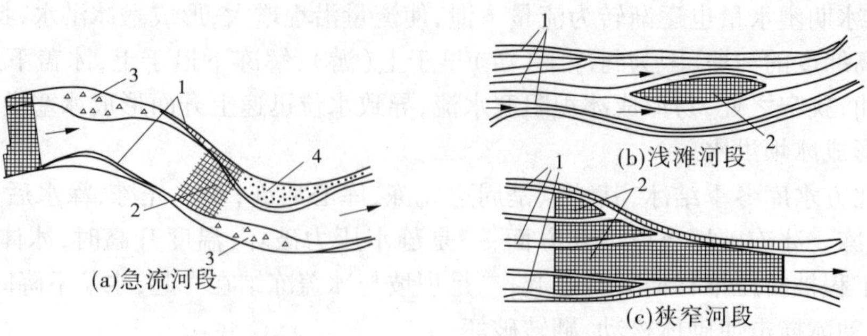

1—顺向冰沟;2—打冰撒土网格;3—弯道封口;4—必须打碎的浅滩上的冰凌

图6-14 打冰撒土及打封口示意图

药包重分别为7~15 kg及0.5~2 kg。如发现开始形成冰坝,应迅速查明冰坝的支撑点或相对薄弱处,集中火力爆破,由下游往上游,炸开通道,抽沟引溜泄洪,最终彻底消除冰坝。

(3)炮击或飞机投弹。冰坝形成,水位猛涨,人力爆破无法实施时,可用迫击炮轰击,一般迫击炮弹爆炸半径约2 m,震撼力形成的裂痕半径为25 m左右。飞机投弹难以准确,而冰坝往往在窄弯河段形成,这些地方又是堤防、险工密集临近之处,稍有不慎,可能产生严重后果,使用时应慎重。

(4)用破冰船。国外资料表明,破冰船破冰效率高,投资省且安全,但目前我国使用甚少,山东黄河河务局1957年曾在上海建造两条294 kW的破冰船,1958~1974年经多次试用。现在该破冰船由于功率小、吃水深、在冰盖厚、冰塞严重时难以实施而停止使用。

(5)注意事项:①重视天气及凌情预报,不断提高预报精度,以便正确确定各种防凌措施运用时机,这也是影响防凌措施效果的决定性因素。②破冰中要特别强调安全。

九、抢堵堤防决口

堵口复堤是防汛工作的重要组成部分。一旦堤防决口后,首要的工作是在口门两端抢筑裹头,防止溃口继续扩大,同时迅速撤离泛区居民。其次,设法在下游使溃水入原河或采取其他措施,减少淹没范围,将灾害损失降低到最小程度。

对于长江、淮河及其他河槽低于两岸滩地的所谓地下河的溃口,洪水退落后,口门往往干涸,用一般土工堵口即可。但若有必要和可能时,也可在汛期前一个洪峰降落,后一个洪峰到来之前抢堵。1998年8月7~9日长江九江市大堤堵口就是在第三次洪峰与第四次洪峰期间抢筑截流戗堤,为成功堵口闭气创造了条件。对于类似于黄河的地上河的溃口,即使在汛后,口门仍然过水。常说的堵口工程是对地上河的溃口而言的。

若发生多处溃口,堵口的顺序原则上是"先堵下游口门,后堵上游口门,先堵小口,后堵大口"。但也应根据上下溃口的距离及分流量相差的程度而定。若上溃口流量很小,可先堵上溃口;若上、下溃口分流量相差不多,且两溃口间距较远,则宜先堵下溃口。总之,要事先堵溃口,尽可能小的影响后堵溃口的分流量,以避免造成后堵溃口险情扩大。

(一)堵口的工程布置

堵口应就地取材,充分利用地形条件,根据具体情况进行堵口工程的布置。一般堵口工程归纳起来可分为主体工程(堵坝)、辅助工程(挑流坝)和引河等三大部分。有些河道,不具备这种条件,则只有在原地堵口。

1. 堵坝

堵坝的位置应经过调查研究慎重决定。堵坝一般布置在决口附近,迫使主流仍回原河道。若有适当滩地,也可将堵坝修筑在滩地上。但也有堵坝位置因受地基、地形、河势等条件的限制,被迫退后修筑遥堤(远离河槽的大堤)的。

2. 挑流坝

挑流坝是把主流挑离决口的坝,如丁坝等。其布置方法如下:

(1)对于有引河的堵口,挑流坝应布置在堵口上游的同岸,如图6-15所示。可将主流挑向引河。

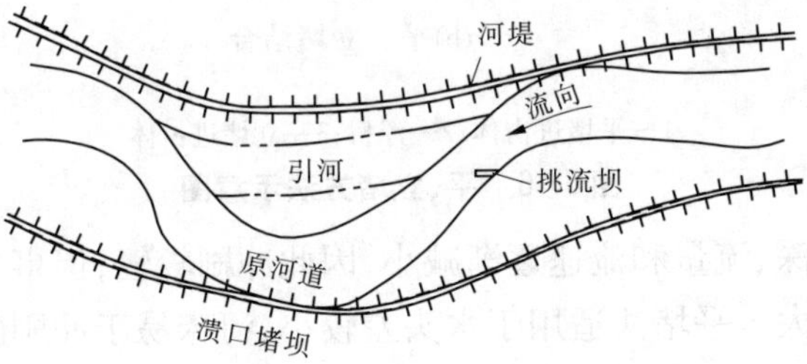

图6-15　引河分流示意图

(2)在无引河的情况下,挑流坝应布置在口门附近上游河湾处。一方面将主流挑离口门,减少口门流量;另一方面消杀水势,减小水流对堵口截流工程的顶冲作用,以利堵口。

(3)挑流坝的长度要适当。过长则增加工程量,对稳定也不利;过短则挑开水流,作用不大。如水流过急,流势较猛,一道挑水坝难挡水势,可修两道或两道以上的挑流坝,坝间距离一般约为上游挑流坝长度的2倍。

3. 引河

引河的选线,要根据地形、地质、施工条件、工程量及经济条件等多种因素确定。引河进口应选在堵口上游附近,以减少堵口处的流量,降低堵口处的水位。出口位置应选在原河道受淤积影响小的深槽处。

(二)堵口的分类方法

1. 按进占顺序分类

堵口的方法按进占顺序可分为平堵和立堵两种。

1)平堵

平堵是从口门底部逐层垫高,使口门的水深、流量相应减小,因而对口门的冲刷减弱,直至口门被封闭为止,如图6-16(a)所示。其施工步骤如下:

(1)堵口轴线选定后,在选定轴线上先要架设施工便桥(可做成浮桥)。然后从便桥上运送堵口材料,向口门处层层抛铺,直至高出上游水位为止。

(2)临水面要求按反滤层铺筑,先碎石(或卵石),再砾石、粗砂,最后抛填土料,以截断渗流;也有用埽捆及抛土闭气填筑法的。

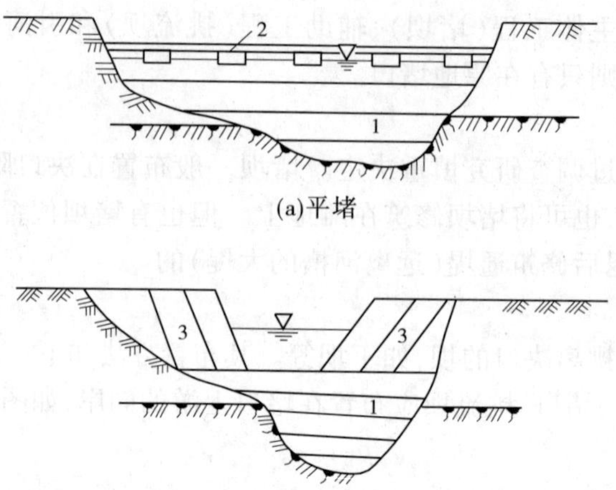

(a)平堵

(b)平、立堵结合

1—平堵进占体;2—浮桥;3—立堵进占体

图6-16 平、立堵方法示意图

平堵时口门的水深、流量和流速逐渐减小,因此冲刷较轻,但事先需架设施工便桥,一次性用材多且投资较大。平堵法适用于水头差较小、河床易于冲刷的情况。

2)立堵

立堵是在溃口两端向中间进占,最后合龙闭气。立堵施工方便,可就地取材,投资较少。但立堵进占到一定程度时,口门流速增大,将加剧对地基的冲刷,合龙比较困难。因此,也有采用平堵与立堵相结合的方式,如图6-16(b)所示。即先将溃口处深槽部位进行平堵,然后再从溃口两端向中间进行立堵。在开始堵口时,一般流量较小,可用立堵快速进占。在缩小口门后,流量较大,再采用平堵的方式,减小施工难度。

1998年,长江中下游发生溃口险情约1 975处。江西省九江市8月7日13:10,外江水位22.82 m,大堤在4~5号交通闸之间,距5号闸口约250 m处发生管涌险情,初时泉口不大,水略带黄沙。20 min后,在堤外迎水面找到2个进水口,用100床棉絮抢堵,同时在堤后用水泥块和块石压盖,但因水压力过大,难以奏效。20 min后,防水墙后的土堤突然塌陷出一个洞,5 m宽的堤顶也随之全部塌陷,并很快形成宽约10 m的溃口。紧急向溃口处推入1辆跃进132型载重汽车、1艘水泥趸船和1艘铁舶船,结果全被急流冲走,口门迅速扩大到36.9 m宽,估计溃口流量超过400 m^3/s,第二天溃口发展到61.6 m宽。8月7日15:00左右,调用一艘长75 m,已装煤1 650 t的大型铁舶船堵口,船行至溃口外7.5 m处由于中部搁浅在残存的油码头浆砌块石挡土墙上,大部分船体未能接触河底,溃口流量仍有300 m^3/s左右。受抢险材料限制,又继续沉船7艘,使溃口流量有所减小。同时,沿沉船外侧下插拦石钢管栅、抛钢筋笼及块石护底,采用平堵方式大量抛投块石直至高出水面,于9日形成截流戗堤;11日19:00完成了在溃口处架设钢木构架石袋组合堤;12日18:30完成石袋后戗台,堵口基本成功;13日完成加宽、加固后戗台任务;14日开始在截流戗堤与组合堤中间水下抛土闭气;15日凌晨闭气成功。在堵口的同时,沿原龙开河废弃老堤和利用柴桑路自然高地抢修了二道防线和三道防线。

2. 按抢堵材料及施工特点分类

堵口的方法，按抢堵材料及施工特点可分为以下几种型式。

1）直接抛石

在溃口直接抛投石料，要求石块不宜太小，溃口水流速度越大，进占所用的石料也越大，同时抛石的速度也要相应加快。

2）铅丝笼、竹笼装石或大块混凝土抛堵

当石料比较小时，可采用铅丝笼、竹笼装石的方法连成较大的整体；也可用事先准备好的大块混凝土抛投体进行合龙，对于龙口流速较大者，也可将几个抛投体连接在一起，同时抛投，以提高合龙效果。

3）埽工进占

埽工进占是我国传统的堵口方法，用柳枝、芦苇或其他树枝先扎成内包石料、直径0.1～0.2 m的柴把，再根据需要将柴把捆成尺寸适宜的埽捆。埽工进占适用于水深小于3 m的地区。由于水头大小不同，在工程布置上又可分为单坝进占和双坝进占。

（1）单坝进占。当水头差较小时，用埽捆做成宽约2.0 m的单坝，由口门两端向中间进占，坝后填土料，其坡度可采用1:3～1:5。

（2）双坝进占。当水头差较大时，可用埽捆做两道坝，从口门两端同时向中间进占。两坝中间填土，宽8～10 m，与坝后土料同时填筑。

无论是单坝进占还是双坝进占，坝后土料都应随坝同时填筑升高，防止埽捆被水流冲毁。最后合龙时可采用石枕、竹笼、铅丝笼，背水面以土袋或砂袋镇压。

4）打桩进占

当堵口处为水深1.5 m左右时，可采用打桩进占合龙。具体做法是：先在两端加裹头保护，然后沿坝轴线打一排桩，其桩距一般为1～2 m，若水压力大，可加斜撑以抵抗上游水压力。计划合龙处可打三排桩，平均桩距0.5 m，桩的入土深度为2～3 m，用铅丝把打好的桩连接起来。接着在桩上游面用一层草一层土（或竖立柴排）向中间进占，层草层土或竖立埽捆，同时后面填土进占。进占到一定程度，可只留合龙口门，然后将石枕、土袋、竹笼等抗冲能力强的材料迅速放进口门合龙，最后按反滤要求闭气封堵。

5）沉船堵口

当堵口处水深流急时，可采用沉船抢堵决口，在口门处将水泥船排成一字形，船的数量应根据决口大小而定。在船上装土，使土体重量超过船的承载力而下沉，然后在船的背水面抛土袋和土料，用以断流。根据九江市城防堤决口抢险的经验，沉船截流在封堵决口的施工中起到了关键作用。沉船截流可以大大减小通过决口处的过流流量，从而为全面封堵决口创造条件。

在实现沉船截流时，由于横向水流的作用，船只定位较为困难，必须防止沉船不到位的情况发生。同时，船底部难与河滩底部紧密结合，在决口处高水位差的作用下，沉船底部流速仍很大，淘刷严重，必须迅即抛投大量料物，堵塞空隙。

堤防决口抢堵是一项十分紧急的任务。事先要做好准备工作，如对口门附近河道地形、地质进行周密勘查分析，测量口门纵横断面及水力要素，组织施工、机械力量，备足材料等；堵口方法要因地制宜；抢堵速度要快，一气呵成；注意保证工程质量和工作人员的人身安全。

十、涵闸抢险

涵闸及穿堤管道往往是防汛中的薄弱环节。由于设计考虑不周、施工质量差、管理运用不善等方面的原因,汛期常出现水闸滑动、闸顶漫溢、涵闸漏水、闸门操作失灵、消能工冲刷破坏、穿堤管道出险等险情。通常采用的抢险方法简述如下。

(一)水闸滑动抢险

水闸下滑失稳的主要原因有:上游挡水位偏高,水平水压力增大;扬压力增大,减小了闸室的有效重量,从而减小了抗滑力;防渗、止水设施破坏或排水失效,导致渗径变短,造成地基土壤渗透破坏,降低地基抗滑力;发生地震等附加荷载。水闸滑动抢险的原则是:减少滑动力、增大抗滑力以稳固工程基础。抢护方法如下:

(1)闸上加载增加抗滑力。即在闸墩、桥面等部位堆放块石、土袋或钢铁块等重物,加载量由稳定核算确定。加载时注意加载量不得超过地基承载力,加载部位应考虑构件加载后的安全和必要的交通通道,险情解除后应及时卸载。

(2)下游堆重阻滑。在水闸可能出现的滑动面下端,堆放土袋、石块等重物。其堆放位置和数量可由抗滑稳定验算确定。堆重阻滑如图6-17所示。

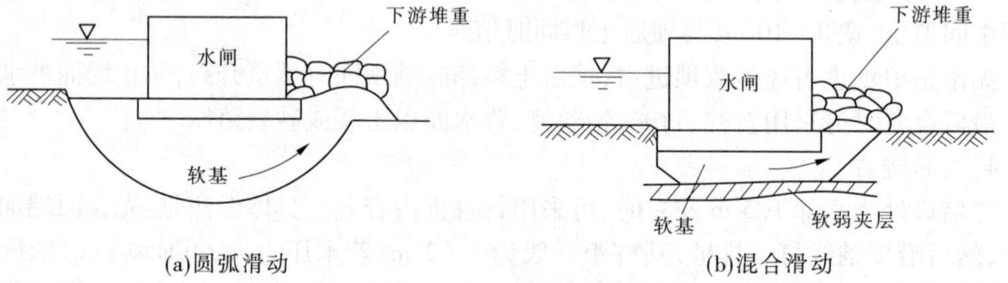

图6-17　下游重阻滑示意图

(3)蓄水反压减少滑动力。在水闸下游一定范围内,用土袋或土筑成围堤,壅高水位,减小上、下游水头差,以抵消部分水平推力,如图6-18所示。围堤高度应根据壅水需要而定,断面尺寸应稳定、经济。若下游渠道上建有节制闸,且距离又较近时,关闸壅高水位也能起到同样的作用。

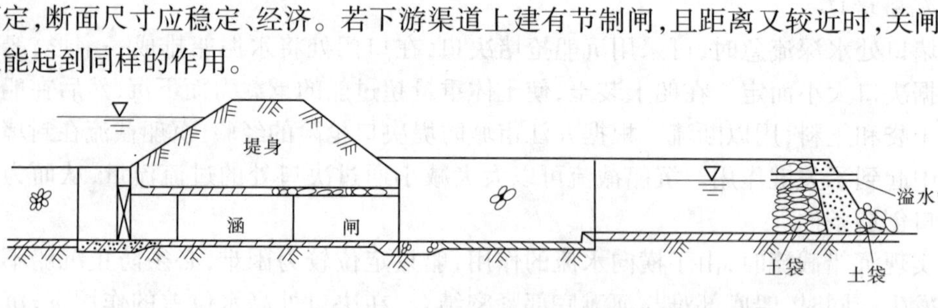

图6-18　下游围堤蓄水反压示意图

(二)闸顶漫溢抢护

涵洞式水闸埋设于堤内,防漫溢措施与堤坝的防漫溢措施基本相同,这里介绍的是开敞式水闸防漫溢抢护措施。

造成水闸漫溢的主要原因是设计挡洪标准偏低或河道淤积，致使洪水位超过闸门或胸墙顶部高程。抢护措施主要是在闸门顶部临时加高。

(1)无胸墙开敞式水闸漫溢抢护。当闸孔跨度不大时，可焊一个平面钢架，其网格不大于0.3 m×0.3 m，用临时吊具或门机将钢架吊入门槽内，放在关闭的闸门顶上，靠在门槽下游侧，然后在钢架前部的闸门顶分层叠放土袋，迎水面用篷布或土工膜挡水，亦可用2～4 cm厚木板拼紧靠在钢架上，在木板前放一排土袋压紧，以防漂浮，如图6-19所示。

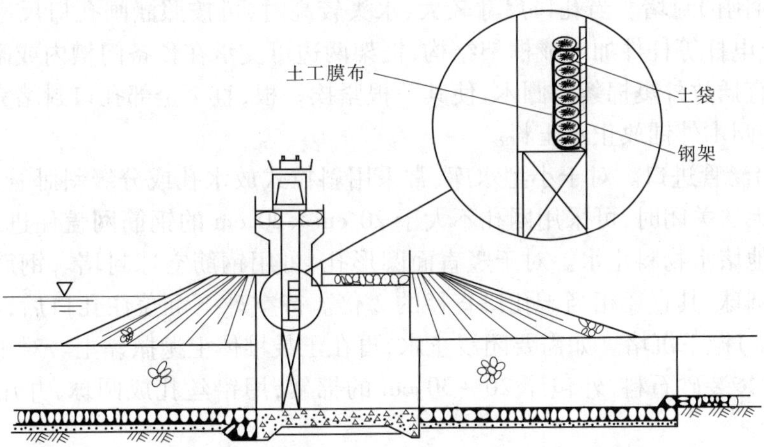

图6-19　无胸墙开敞式水闸漫溢抢护示意图

(2)有胸墙开敞式水闸漫溢抢护。可以利用闸前的工作桥在胸墙顶部堆放土袋，迎水面要压篷布或土工膜布挡水，如图6-20所示。上述两种情况下堆放的土袋，应与两侧大堤相衔接，共同抵挡洪水。注意防闸顶漫溢的土袋高度不宜过大。若洪水位超过过多时，可考虑抢筑闸前围堰，以确保水闸安全。

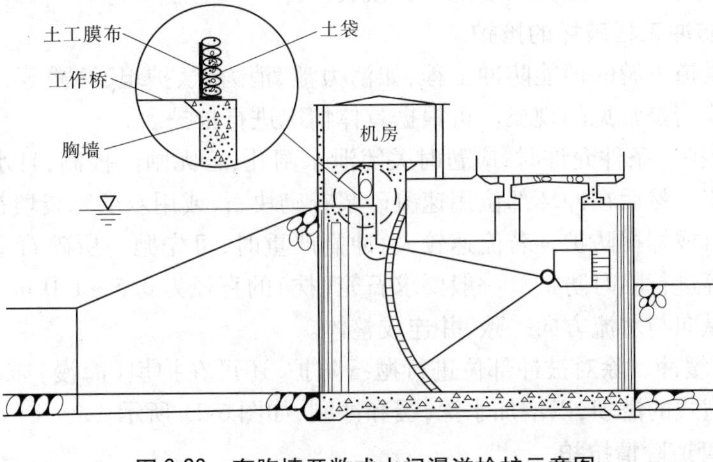

图6-20　有胸墙开敞式水闸漫溢抢护示意图

(三)闸门漏水抢护

如闸门止水橡皮损坏，可在损坏的部位用棉絮等堵塞。如闸门局部损坏漏水，可用木板外包棉絮进行堵塞。当闸门开启后不能关闭，或闸门损坏大量漏水时，应首先考虑利用检修闸门或放置叠梁挡水，若不具备这些条件，常采用以下办法封堵孔口。

(1)篷布封堵。若孔口尺寸不大，水头较小时，可用篷布封堵。其施工方法是：将一块较新的篷布，用船拖至漏水进口以外，篷布底边下坠块石使其不致漂起，再在顶边系绳索，岸上徐徐收紧绳索，使篷布张开并逐渐移向漏水进口，直至封住孔口。然后把土袋、块石等沿篷布四周逐渐向中心堆放，直至整个孔口全部封堵完毕。切忌先堆放中心部分，而后向四周展开，这样会导致封堵失败。

(2)临时闸门封堵。当孔口尺寸较大、水头较高时，可按照涵闸孔口尺寸，用长圆木、角钢、混凝土电杆等杆件加工成框架结构，框架两边可支承在预备门槽内或闸墩上。然后在框架内竖直插放外裹棉絮的圆木，使其一根紧挨一根，直至全部孔口封堵完毕。如需闭浸止水，可在圆木外铺放止水土料。

(3)封堵涵管进口。对于小型水库，常采用斜拉式放水孔或分级斜卧管放水孔，若闸门板破裂或无法关闭时，可采用网孔不大于 20 cm × 20 cm 的钢筋网盖住进水孔口，再抛以土袋或其他堵水物料止水。对于竖直面圆形孔，可用钢筋空球封堵。钢筋空球是用钢筋焊一空心圆球，其直径相当于孔口直径的 2 倍。待空球下沉盖住孔口后，再将麻包、草袋(装土 70%)抛下沉堵。如需要闭浸止水，再在土袋堆体上抛撒黏土。对于竖直面圆形孔，也可用草袋装砂石料，外包厚 20 ~ 30 cm 的棉絮，用铅丝扎成圆球，并用绳索控制下沉，进行封堵。

(四)闸门不能开启的抢护

由于闸门启闭螺杆折断，无法开启时，可派潜水人员下水探清闸门卡阻原因及螺杆断裂位置，可用钢丝绳系住原闸门吊耳，临时抢开闸门。

采用多种方法仍不能开启闸门或开启不足，而又急需开闸泄洪时，可立即报请主管部门，采用炸门措施，强制泄洪。这种方法只有在万不得已时才采用，同时尽可能只炸开闸门，不损坏闸的主体部位，最大限度地减少损失。

(五)消能防冲工程破坏的抢护

涵闸和溢洪道下游的消能防冲工程，如消力池、消力坎、护坦、海漫等，在汛期过水时被冲刷破坏的险情是常见的现象。可根据具体情况进行抢护。

(1)断流抢护。条件允许时，应暂时关闭泄水闸孔，若无闸门控制，且水深不大时，可用土袋堵塞断流。然后在冲坏部位用速凝砂浆补砌块石，或用双层麻袋填补缺陷，也可用打短桩填充块石或埽捆防护。若流速较大，冲刷严重时，可先抛一层碎石垫层，再采用柳石枕或铅丝笼等进行临时防护。一般要求石笼(枕)的直径为 0.5 ~ 1.0 m，长度在 2 m 以上，铺放整齐，纵向与水流方向一致，并连成整体。

(2)筑潜坝缓冲。除对被冲部位进行抛石防护，还可在护坦(海漫)末端或下游做柳枕潜坝或其他型式的潜坝，以增加水深，缓和冲刷，如图 6-21 所示。

(六)穿堤管道险情抢护

穿堤的各种管道，如虹吸管、泵站出水管、输油管、输气管等，一般多为铸铁管、钢管或钢筋混凝土管。易出现的问题是，管接头开裂、管身断裂或管壁锈蚀穿孔，造成漏水(油)，冲刷并淘空堤身，危及堤坝安全。引起的主要险情有接触面渗流、堤内洞穴、坍塌等，因此要及时抢护。

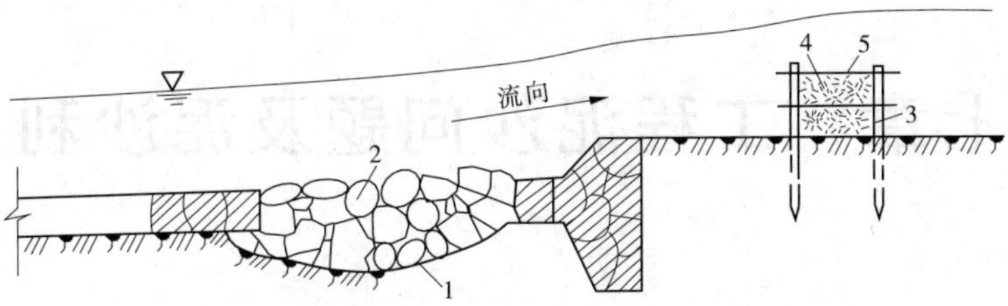

1—冲刷坑;2—抛石;3—木桩;4—柳捆;5—铁丝

图6-21 柳捆壅水防冲示意图

(1)临河堵漏。当漏洞发生在管道进口周围时,可用棉絮等堵塞。在静水或流速很小时,可在漏洞前用土袋抛筑月堤,内堵黏土封堵。

(2)压力灌浆截渗。在沿管壁周围集中渗流的范围内,可用压力灌浆方法堵塞管壁四周孔隙或空洞,浆液可用水泥黏土浆(水泥掺土重的10%~15%),一般先稀后浓,为加速凝结,提高阻渗效果,浆内可加适量的水玻璃或氯化钙等速凝剂。

(3)洞内补漏。对于内径大于0.7 m的管道,最好停水,派人进入管内,用沥青或桐油麻丝、快凝水泥砂浆或环氧砂浆,将管壁上的孔洞和接头裂缝紧密堵塞修补。

(4)反滤导渗。如渗水已在背水堤坡或出水池周围逸出,要迅速抢修砂石反滤层导渗,或筑反滤围井导渗、压渗。

涵闸下游基础的渗水处理措施也是修砂石反滤层或围井导渗。

涵闸岸墙与堤坝连接处,极易形成漏水通道,危及堤坝安全。它的处理方法也是上述的临河堵塞、灌浆和背河导渗。

(七)建筑物裂缝及止水破坏的抢护

建筑物发生裂缝和止水设施破坏,通常会使工程结构的受力状况恶化和工程整体性丧失,对建筑物的稳定、强度、防渗能力产生不利影响,严重者可导致工程失事。对此,可采用下述方法进行抢修。

(1)防水速凝砂浆堵漏。在水泥砂浆内加入防水剂,使砂浆有防水和速凝性能。在涂抹防水速凝砂浆前,应先将混凝土或砌体裂缝凿成深约2.0 cm、宽约20 cm的毛面,清洗干净后,在面上涂一层防水灰浆,厚约1 mm,硬化后,即抹一层厚0.5~1.0 cm的防水砂浆,再抹一层灰浆,交替填抹至与原砌体面齐平为止。

(2)环氧砂浆堵漏。浆砌石或混凝土块体砌缝及伸缩缝漏水严重者,需先将缝中的残渣清除干净,然后用沥青或桐油麻丝填塞并压紧,再用水玻璃掺水泥止渗,最后用防水砂浆或环氧砂浆填充密实并勾缝。此外,目前工程中还有用丙烯酰胺为主剂,配以其他化学药品制成不溶于水的弹性聚合体——丙凝水泥浆堵漏,也有用其他化学涂料等防渗止漏的。

第七章　工程泥沙问题及泥沙利用

第一节　水库泥沙问题

江河上修建的水库为国民经济各部门发挥了巨大作用，但是筑坝蓄水改变了天然河流的水力、泥沙及河床边界条件，使库区河段水深增大，流速减小，泥沙大量淤积，同时也引起坝下游河段冲淤变化，这不仅使水库库容减小，还带来了一系列其他问题。

一、水库泥沙淤积及其危害

（一）水库泥沙淤积

在我国西北、华北地区多沙河流上，由于含沙量大，水库泥沙淤积问题十分严重。据1983年陕西省调查资料，全省建成水库314座中已有43座淤满报废。在黄河中游修建的三门峡水库，泥沙淤积问题更为突出，1960年9月三门峡水库开始蓄水运用，由于库区泥沙淤积严重，1962年3月水库运用方式改为滞洪排沙，但库区泥沙淤积进一步发展，到1964年10月库容从58.9亿m^3减少到22.1亿m^3，库容损失62%。我国南方河流含沙量虽小，但随着水库运用年限增长，对泥沙淤积问题也必须引起注意。

（二）水库泥沙淤积的危害

水库泥沙淤积将给库区、大坝下游带来一系列危害，主要有以下几方面：

（1）库容减小，效益降低。泥沙在水库大量淤积，水库的有效库容减小，从而使水库在防洪、灌溉、发电、供水等方面综合效益降低，同时，库容减小使水库运用年限减少。

（2）淤积发展，回水上延。由于水库泥沙淤积向上游发展，使水库上游河床、水位抬高，造成上游地区淹没和浸没。

（3）水库下游河道水沙条件变化。当水库下泄清水时，下游河道发生冲刷；当下泄浑水时，下游河道发生淤积。下游河道时冲时淤，河势变化较大，给河道整治、防洪、航运及供水等方面带来一系列影响。

（4）泥沙造成水力机械和泄洪设施磨损。泥沙尤其是粗沙对水轮机、水泵及金属闸门等过流部件的磨损，影响机械效率、增加材料损耗和维修时间，加速工程老化损坏。

另外，泥沙淤积还带来水库库区水质污染、引水口淤堵、引航道淤塞，影响航运等问题。

二、水库淤积形态

水库淤积形态是指泥沙在库区中淤积所形成的纵、横剖面形状，它反映了淤积泥沙在库区中分布形式、淤积位置。对水库淤积形态分析，有助于研究水库淤积发展规律及水库的运用管理。

(一)水库淤积纵剖面形态

水库淤积纵剖面形态十分复杂,从水库淤积的实测资料分析,水库淤积的纵剖面形态大体可归纳为以下三种基本类型。

1. 三角洲淤积

水库淤积在纵剖面上呈三角形,这种淤积称为三角洲淤积。水库水位比较高、水位变幅较小且入库含沙量较大的湖泊型水库易形成三角洲淤积。根据淤积纵剖面形态及泥沙颗粒级配沿程变化特点,三角洲淤积可分为尾部段、顶坡段、前坡段、异重流淤积段和坝前淤积段五段,其中大部分泥沙淤积在三角洲的尾部段、顶坡段和前坡段,如图7-1所示。

2. 带状淤积

泥沙均匀分布在整个库区,淤积体的纵剖面形态沿程变化不大,呈细长的带状形态,这种淤积称为带状淤积。水库水位变幅较大、入库沙量较少、泥沙颗粒较细的河道型水库,易形成带状淤积,如图7-2所示。根据水库运用情况及泥沙运动特点,可将库区分为回水变化段、常年回水区行水段及常年回水区静水段三段。

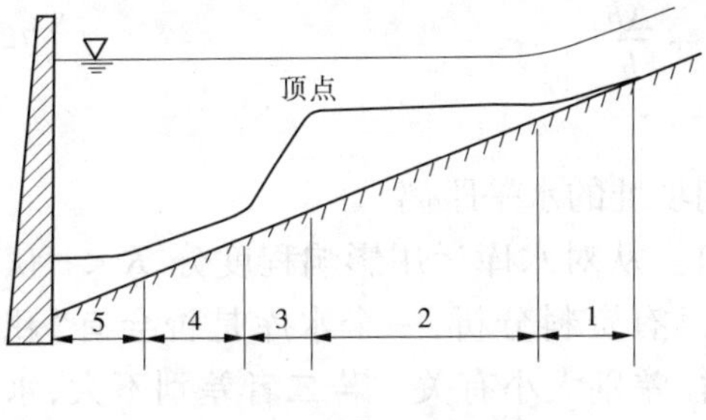

1—尾部段;2—顶坡段;3—前坡段;
4—异重流淤积段;5—坝前淤积段

图7-1　水库三角洲淤积形态

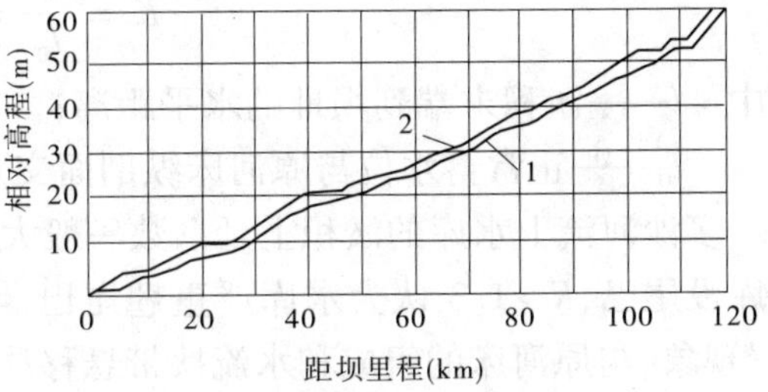

1—原平均河底高程;2—淤积后平均河底高程

图7-2　水库带状淤积形态

3. 锥体淤积

泥沙淤积厚度沿流程逐渐增厚,整个淤积体呈锥体形态,这种淤积称为锥体淤积。水库水位不高、来沙量多、河床比降较大的中小型水库易形成锥体淤积。锥体淤积的泥沙主要分布在坝前,如图7-3所示。

水库淤积的纵剖面形态与来水来沙特性、水库运用方式、坝前水位变幅、水库地形等因素有关。同一水库若其运用方式、来水来沙条件等变化,淤积纵剖面形态就会发生变化。对于水库淤积纵剖面形态判断,目前理论还不完善,常借助经验公式判断,这里不再介绍。

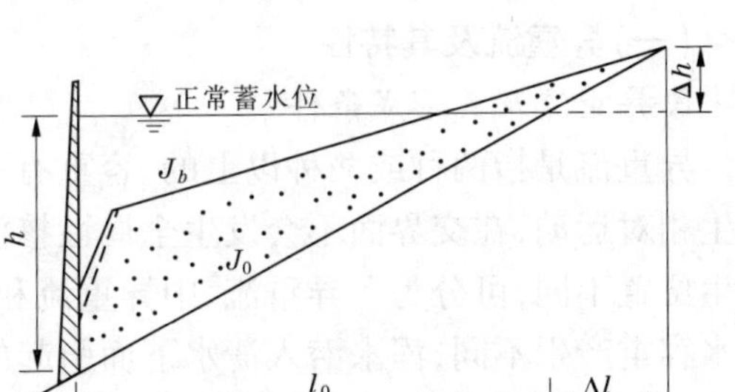

图7-3　水库锥体淤积形态

(二)水库淤积横断面形态

水库淤积横断面形态很复杂,根据大量的实测资料分析,可分为四种典型的横断面形态,即:横断面淤积主要分布在主槽的主槽淤积;横断面淤积主要集中在滩地的滩地淤积;横断面淤积沿湿周均匀分布的湿周淤积;横断面滩槽全部平行淤高的全断面平行淤积。

三、水库淤积上延

挟沙水流进入水库回水区,由于水流条件改变,流速减小,泥沙落淤;而落淤的结果反过来又促成水流条件进一步改变,使回水曲线在淤积区及其上下游一定范围内普遍抬高,为泥沙继续在原淤积区落淤并同时向上游发展提供条件,这种泥沙淤积自回水末端不断向上游发展的现象叫水库的淤积上延。当淤积上延持续发展到正常蓄水位与原河床纵剖面交点以上时,通常把这种淤积上延现象称为“翘尾巴”现象。淤积末端高程与正常蓄水位高程之差为翘尾巴高度 Δh,淤积末端距正常蓄水位与原河床交点的距离为翘尾巴长度 Δl,如图 7-3 所示。

泥沙淤积上延使库区上游河床、地下水位升高,造成上游河道两岸地区淹没和盐碱化,同时也给上游地区防洪带来威胁。水库淤积末端的上延程度可用上延系数 $K = l/l_0$ 表示。由图 7-3 可知

$$K = \frac{l}{l_0} = 1 + \frac{\Delta h}{h} \tag{7-1}$$

式中 l——淤积末端到坝址的水平距离;

l_0——正常蓄水位与原河床纵剖面交点到坝址的水平距离。

多沙河流上水库的淤积上延系数一般大于 1。从对水库运用影响程度分,$K<1$ 认为水库没尾巴,$K>1.3$ 认为水库严重翘尾巴。由已有资料分析,一个水库是否会有“翘尾巴”现象,与原河床的组成和水流挟带悬移质粒径差别大小有关。若二者差别不大,水库淤积平衡时河床比降 J_b 与原河床比降 J_0 很接近,$J_b/J_0 \approx 1$,淤积末端将距大坝很远,翘尾巴就严重;若二者差别很大时,J_b 比 J_0 小得多,$J_b/J_0 \ll 1$,淤积末端距大坝很近,翘尾巴不严重或不翘尾巴。

由以上分析可知:若调整水流挟带悬沙组成和床沙的组成,使入库悬沙粒径比床沙粒径小得多,则 $J_b \ll J_0$,从而减轻水库翘尾巴程度。

四、水库异重流

(一)异重流及其特性

1. 异重流及其形成条件

异重流是指两种或两种以上的、容重有一定差异但差异不太大的流体,互相接触,并发生相对运动,在交界面不会发生全局性掺混现象的液体流。异重流根据浑水相对清水产生位置不同,可分为上异重流、中异重流和下异重流,这里主要介绍因含沙量差异使清、浑水容重产生不同,浑水潜入清水下面引起的水库下异重流。

异重流形成必须具备的条件是:流体间容重不同,但容重差异不能太大。河流中清、浑水含沙量的差异是形成异重流的根本原因。

2. 异重流一般特性

(1)重力作用大大减弱。由于浑水在清水下面流动,受清水浮力作用使其有效容重减小

$$\Delta\gamma = \gamma_m - \gamma = g(\rho_m - \rho) \tag{7-2}$$

若取 g_m 为浑水异重流的有效重力加速度，其有效容重可写为

$$\Delta\gamma = g_m\rho_m \tag{7-3}$$

$$g_m = \frac{\rho_m - \rho}{\rho_m}g = \frac{\Delta\gamma}{\gamma_m}g = \eta_g g \tag{7-4}$$

式中 ρ、ρ_m——清水、浑水密度；

γ_m——浑水容重；

g_m——浑水异重流的有效重力加速度；

$\Delta\gamma$——浑水有效容重；

$\Delta\gamma/\gamma_m$——重力修正系数，用 η_g 表示。

通常 η_g 很小，常见数量级为 $10^{-2} \sim 10^{-3}$，所以 g_m 远小于 g，重力作用明显减弱，这是异重流的显著特点。

(2)惯性作用相对突出。由于重力作用大大减弱的原因，同样水流条件下的浑水异重流水流佛汝德数远大于一般水流的佛汝德数，使其惯性作用相对突出。因此，异重流在流动中能够比较容易地超越障碍物和爬高。

(3)阻力作用相对突出。由于重力作用大大减弱，同样水流条件下，异重流流速远小于一般水流流速，反映了阻力作用的相对突出。

(二)水库异重流形成与潜入点位置

汛期挟沙浑水进入蓄有清水的水库，在水库的壅水段由于水深增大，流速减小，水中粗颗粒泥沙在此淤积，挟带细颗粒泥沙的浑水向坝前运行，当浑水流速减小到一定值时，浑水开始潜入到清水下面向坝前流动，就形成水库异重流，如图 7-4 所示。

浑水从明渠水流潜入到清水以下形成异重流的位置叫潜入断面或潜入点。在潜入点附近常见到聚集的大量漂浮物，如水草、柴木。

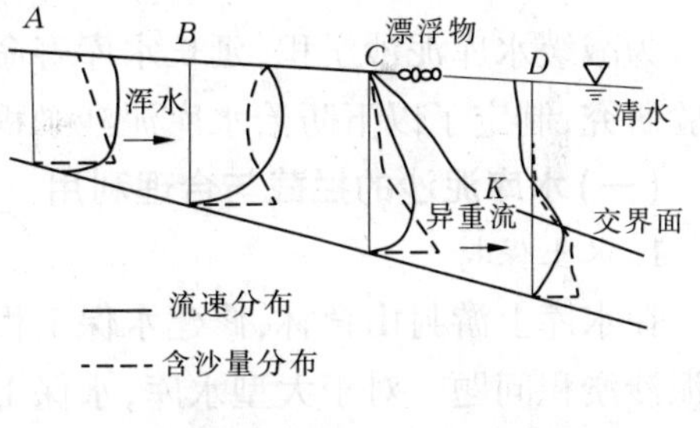

图 7-4　异重流在潜入点附近垂线流速分布和含沙量分布沿程变化

大量观察资料表明，浑水从明渠水流过渡到异重流，其交界面处于突变状态，交界面上拐点 K 处水流认为是临界流，佛汝德数等于 1，而潜入点在拐点上游，佛汝德数应小于 1。根据水槽试验和观察资料，在潜入点处佛汝德数 Fr 应满足以下关系

$$Fr = \frac{U_0}{\sqrt{\eta_g g h_0}} = 0.78 \tag{7-5}$$

式中 U_0——潜入点断面的流速；

h_0——潜入点断面的水深；

其余符号含义同前。

由式(7-5)可确定潜入点处水深为

$$h_0 = 1.185\left(\frac{q_0^2}{\eta_g g}\right)^{1/3} \tag{7-6}$$

式中　q_0——潜入点断面的单宽流量。

异重流在潜入点附近垂线流速分布和含沙量分布沿程变化见图 7-4。从图中可以看出,从远离潜入点处 A 断面到潜入点附近 B 断面,流速和含沙量沿垂线的分布从正常明渠水流分布状态逐渐向分布不均匀变化,最大点流速向库底转移。在潜入点 C 断面,流速和含沙量沿垂线分布更不均匀,水面处流速、含沙量接近于零。潜入点以下 D 断面,交界面以上清水形成横向环流,含沙量很小,交界面以下含沙量很大,断面最大点流速向交界面移近。

(三)异重流持续运动条件

异重流形成以后,是否能持续运动到达坝前,决定于一系列条件,除浑水中要有一定的含沙量及在浑水中含有大量细颗粒泥沙,还有以下几个条件:

(1)入库流量。一般情况下入库流量越大,异重流强度就越大,运行速度就越快,因而就能在较短时间内流到坝前。

(2)洪峰持续时间。若洪峰持续时间较长,则异重流运动的历时也长,就能有机会到达坝前。若洪峰持续时间较短,原来运动着的异重流便不能保持连续运动,因阻力作用异重流很快停止而消失。

(3)地形。若异重流通过的地形局部变化较大,如断面扩大或转弯处,异重流局部损失消耗一部分能量,使流速变小,甚至不能继续运动。

(4)库底坡降。异重流能运行到坝前,水库库底必须有一定坡降,若坡降较大,异重流的速度也较大,则能较快地运行到坝前。

此外,浑水含沙量越大,有效重力作用越大,越有利于异重流向坝前运行。

五、水库泥沙淤积的防治

为减缓水库泥沙淤积,延长水库寿命,水利工作者在实践经验的基础上进行了长期的试验研究,制定了以下防治水库泥沙淤积的有效措施。

(一)水库泥沙的拦截与合理利用

1. 水土保持

在水库上游封山育林,修建水保工程,增加植被覆盖度,控制水土流失,可从根本上解决泥沙淤积问题。对于大型水库,水保工作短期内全面实施比较困难,必须坚持不懈、有计划、有步骤地长期推进水保工作。

2. 拦泥库或拦沙堰

在水库上游多泥沙支流上修建拦泥库或拦沙堰,将水库泥沙拦蓄起来,可以减少入库泥沙量。官厅水库泥沙淤积严重,1958 年后在上游支流上建总库容为 10.3 亿 m^3 的拦泥库,大大减缓了官厅水库的淤积。山西省不少地区采用拦沙堰防沙,淤满后再增加坝高使其继续蓄水拦沙,也可在淤满的库区淤积层上打井进行灌溉或耕种,发展农业生产。

3. 子母水库

在水库上游再修一座起拦沙作用的子水库与其母水库上下串联,联合运用,可以减少下游母水库的泥沙淤积。

4. 旁引水库及并联水库

旁引水库修在河流一侧,另开引水渠把河流与水库联结起来。当河水含沙量小时,通过引渠引水入库;当洪水期含沙量大时,则沿原河道下泄,避开河水入库,这样可大大减少水库淤积。在多沙河流上也可利用有利地形条件,在河流一侧植被较好、泥沙较少的山沟修建蓄清水库,在泥沙较多的河道上修建滞洪水库,两水库利用输水隧洞联结起来,即为并联水库。清水由隧洞引入蓄清水库加以调蓄,汛期洪水经滞洪水库引向下游。

对于多沙河流上水库,不仅要在上游拦截泥沙,还要在水库上下游"引洪淤灌,用洪用沙"来改良土壤,扩大耕地面积,发展农业生产,把拦沙与用沙结合起来,变沙害为沙利。

(二)水库排沙,保持库容

为减少水库淤积,可充分利用水库的泄流排沙措施,采用多种方式进行排沙。水库常用排沙方式如下。

1. 滞洪排沙

蓄清排浑运用的水库,洪水到来时,必须空库迎洪,或者降低水位运用,当入库洪水流量大于出库泄流量时,便会产生滞洪壅水,滞洪期内保持一定的行近流速,粗颗粒泥沙淤在库中,细颗粒泥沙随水流排出库外,避免蓄水运用可能产生的严重淤积,这就是滞洪排沙。大量实测资料表明,滞洪排沙效率受排沙时机、滞洪历时长短、开闸时间、泄流量大小等因素影响。在滞洪排沙过程中,开闸及时,下泄量大和滞洪历时短,则排沙效率高,尤其在洪水初发时,排沙效率最高,所以为了既尽可能提高滞洪排沙效率,又尽可能减少弃水量,在洪水初期及时开闸并加大水库下泄流量,当经过一段时间后,可减小水库下泄流量,以减少弃水量。

2. 异重流排沙

在水库蓄水期间,当洪水具有形成异重流的条件时,则洪水入库后将以异重流形式潜入库底向坝前运动,若及时打开闸门可将一部分泥沙排走,从而减少水库淤积。由异重流持续运动条件可知,若入库洪峰流量大且历时长、含沙量大、库区地形平顺,则异重流排沙效果好。此外,开闸及时、水库下泄流量大,并且底孔高程低,排沙效果也好。为提高异重流排沙效率,当异重流到达坝前时,及时开闸并加大下泄流量,洪峰降落后含沙量逐渐减小,则应逐渐减小下泄流量。异重流排沙弃水量小,且对中、小型水库排沙比也较大,平均排沙比为61.2%。对于水量较缺的多沙河流上的中、小型水库,异重流排沙较合适。

3. 泄空排沙

将水库放空,在泄空过程中,回水末端逐渐向坝前移动,因而原来淤积的泥沙也将因回水的下移而发生冲刷,这种排沙方式称为泄空排沙。泄空排沙冲刷主要集中在三角洲顶坡处或锥体淤积坝前和回水末端处。其特点是泄流过程中含沙量由小变大。所以,泄空排沙后期加大泄量,可提高排沙效率。

4. 基流排沙

水库泄空后继续打开闸门,让含沙量较小的基流畅行冲刷主槽,以减少水库泥沙淤积,这种排沙方式称为基流排沙。基流排沙的特点是在开始阶段含沙量大,所以在基流排沙初期加大泄流量,可提高排沙效率。

5. 机械清淤排沙

以上各种排沙方式都不同程度地消耗较多的水量，且有的水库没有底孔设施，不可能采用上述排沙方式，为此可采用挖泥船、吸泥泵等挖泥机械清淤的措施进行排沙。但这种方法对中、小型水库有一定效果，对大型水库因淤积量大、成本高、回淤快而效率较低。

以上几种排沙方法,除机械清淤外,其他几种可因地制宜、因时制宜地联合运用。

(三)合理选择水库运用方式

为了减少水库的淤积,除采用上述拦沙排沙措施,在水库规划设计中应合理选择水库运用方式。水库运用方式是指水库蓄水、放水及水位控制在时间上的安排。目前,我国多沙河流水库运用方式归纳起来有以下四种类型:

(1)蓄洪运用。其特点是水库不仅在非汛期含沙量较低时蓄水,而且在汛期含沙量较高时也拦洪蓄水,一年内有蓄水和供水两个时期。此种运用方式的水库泥沙淤积严重。

(2)蓄清排浑运用。水库只拦蓄含沙量较低的水流，当汛期洪水含沙量较高时则不予拦蓄，尽量排出库外，以减轻水库的淤积，目前多沙河流上水库普遍采用这种运用方式。

(3)缓洪运用。其可分为自由滞洪运用和控制缓洪运用两种型式。前一种型式是水库的泄流设施不设闸门控制,洪水入库后不进行径流调节,只起到自由缓滞作用。这种运用方式适合于以防洪为单一目标的水库。后一种型式是有控制的缓洪,以提高引洪量和引洪时间。采用这种引洪方式的水库一般是枯水期无基流,仅在发洪水时才有水,但因洪水含沙量大,淤积严重。

(4)坝库或多库联合运用。坝库是指淤地坝和水库,将坝库或多库联合运用,对减少水库淤积,充分利用水沙资源,效果很好。

影响水库运用方式的因素很多、很复杂,对其影响因素要综合分析、全面考虑,对于不同水期、不同时期,应分别采用合理的运用方式。

第二节 取水工程引水口取水防沙

为了满足工农业生产及生活用水等要求,常在河流两岸布设引水口引取水量。根据引水口布置型式可分为无坝引水和有坝引水。无坝引水是指当河流中的水位、流量能满足自流引水条件时,在河流两岸适当位置开口引水,无需拦河筑坝的引水方式;有坝引水是指当河流中水位不能满足自流条件时,需拦河筑坝以壅高水位达到引水目的的引水方式。无坝引水结构简单、造价低廉,在平原河流上广泛采用。有坝引水修建的拦河坝一般较低,又叫低坝引水,低坝引水由于壅水不高,对防洪影响不大,在中、小河流上也被广泛应用。

在河流两岸开口引水已有悠久的历史,新中国成立后引水事业迅速发展,在工农业生产及改善人民生活用水方面发挥了巨大作用。但是,引水必引沙,使引水口和引水渠道淤积,而大量引水势必会造成上、下游河势变化,影响河流稳定性,造成下游河道萎缩等一系列问题。所以,各种取水工程在规划、设计、管理运用上必须考虑取水防沙问题。

一、无坝引水口的取水防沙

（一）无坝引水口位置选择

为了控制入渠流量和保证河流两岸防洪安全，平原河流的无坝引水口一般都设有进水闸。引水口位置选择既要保证引水口正常工作条件要求，又要保证进水闸安全；也就是说既要考虑引水防沙和地质、施工条件要求，又要分析河床演变对引水口的影响，以免河势变化引水口脱流或主流顶冲危及进水闸安全。引水口位置应设在河势稳定、水深较大、地质条件较好的河段上。平原河流不同河型、不同河段，水沙条件和河床演变特点不一样，因此应根据不同河型情况具体布设引水口位置。

在河流顺直型河段上布设引水口时，要分析边滩深槽移动规律，以免主流脱离引水口或引水口被边滩埋没。引水口应选在主流靠近岸边、河床稳定、水位较高的地方。

在河流弯曲的河段布设引水口时，根据弯道环流特点、输沙特性，把引水口布设在稳定性较好、抗冲能力较强、曲折系数不太大的弯道的凹岸顶冲点附近。

一些试验研究表明，引水口在凹岸最佳位置主要与河面宽度 B 和河湾的曲率半径 R 有关，并得到引水口至弯道起点距离 L（如图 7-5 所示）的公式为

$$L = KB\sqrt{\frac{4R}{B}+1} \tag{7-7}$$

式中　K——比例系数，与分沙比有关。

根据试验，当 $K=0.8\sim1.0$ 时，分沙比最小而引水条件最好。

在河流分汊河段布设引水口时，要分析各股汊道的兴衰规律，引水口应布设在发展的主汊道上。

在游荡型河段上布设引水口时，由于主流摆动不定，河势变化频繁，引水口位置选择更要慎重。在黄河下游尚未控制住的宽浅游荡型河段上引水，对于险工段，渠首位置宜建在险工弯道的凹岸，因为险工弯道工程坚固，河道主流比较稳定，能保证洪、枯流量引水和工程安全；对于平工段，引水口位置上延到比较稳定的滩区控导工程处，修建简易的多口引水设施，以供进水闸引水。

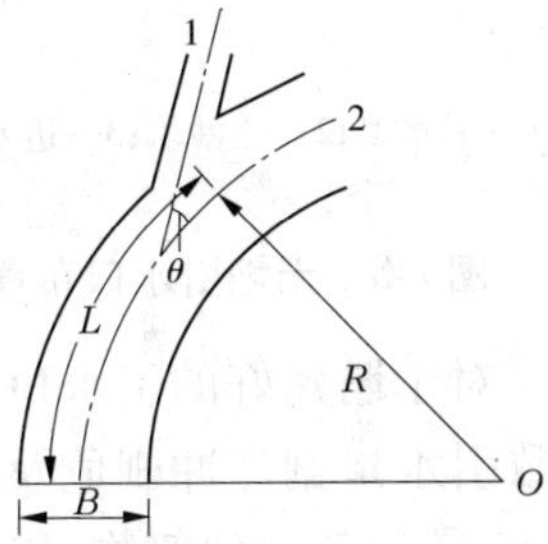

1—引水口；2—河轴线

图 7-5　引水口位置

（二）无坝引水口组成

无坝引水口由引水渠、进水闸、冲沙闸及局部导流防沙设施组成，布置如图 7-6 所示。在具体布设引水口各组成部分时要注意以下几个方面：

（1）引水角大小。引水渠道的中心线与河道主流方向夹角（θ）称为引水角，如图 7-5 所示。引水角的大小影响泥沙、水流的运动。引水角越小，入渠水流越平顺，阻力损失越小，而且既可避免因引水口前流线过度弯曲，使含沙量较高的底流进入引水口，还可减轻对引水口下唇的冲刷；但引水角过小，主流将直冲引水口，危及进水闸安全。平原河流上引水角一般为 30° ~ 45°。引水角的选定应根据河道的具体情况，参照已有工程实践经验，综合考虑，合理确定。

（2）引水渠长度。布置引水口建筑物时，在考虑进水闸安全的前提下，应尽可能使进

水闸靠近河岸，以减小引水渠长度。引水渠过长，易使泥沙下沉造成引水渠淤积变形，而且当汛期进水闸关闭不引水时，过长的引水渠在一定条件下会产生明渠异重流，使渠道发生淤积。在有冲沙闸时，合理的引水渠长度以打开冲沙闸冲沙时能排出引水渠淤沙为宜。

(3)闸底板高程。进水闸底板高程与引水流量大小、入渠沙量多少及工程造价有一定关系，当入渠含沙量有一定要求时，可按含沙量沿垂线分布方程式进行计算。一般情况下，闸底板高程与引水渠底高程相当，或比闸前设计水位下引水渠的平均高程高 1 ~ 2 m，以防止粗沙进入引水口。对于冲积性多沙河流，确定闸底板高程，还要考虑泥沙淤积速率等因素。

(三)引水口位置确定

引水口位置最好选择在弯道的凹岸，但在实际河段中不一定能遇到可以利用的天然河湾，要造成利用弯道凹岸引水，通常需通过一系列工程措施将非弯道河段整治为人工弯道。图 7-7 为将微弯顺直型河段整治为弯道的一个例子。其整治措施是在边滩上布置一系列丁坝固滩促淤，使其形成弧形的凸岸，同时在深槽岸边护岸加以保护，以稳定河势。这种整治可以在引水口附近形成有利的河势，但投资大。

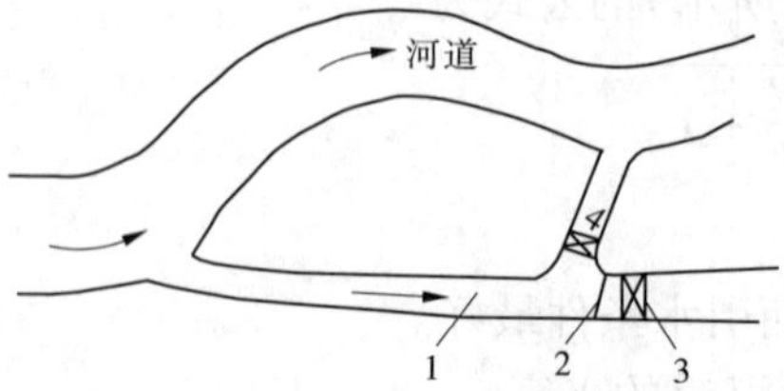

1—引水渠；2—拦沙坎；3—进水闸；4—冲沙闸

图 7-6　无坝引水口布置示意图

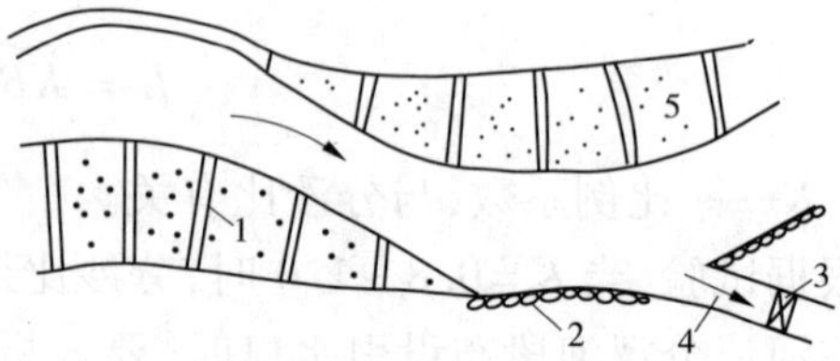

1—丁坝；2—护岸；3—进水闸；4—引水渠；5—边滩

图 7-7　整治后形成的凹岸引水口

对于已建好的引水口，为了能使引水口前河势稳定，主流长年贴靠引水口，但又不会导致引水口剧烈冲刷危及进水闸的安全，常需在引水口上游对岸采用局部整治措施，修建挑流、导流整治建筑物，以防引水口脱流，在引水口上、下游一定河岸范围内布设护岸工程，以防引水口冲刷。如图 7-8 为某一河段采用丁坝将主流挑到引水口附近。

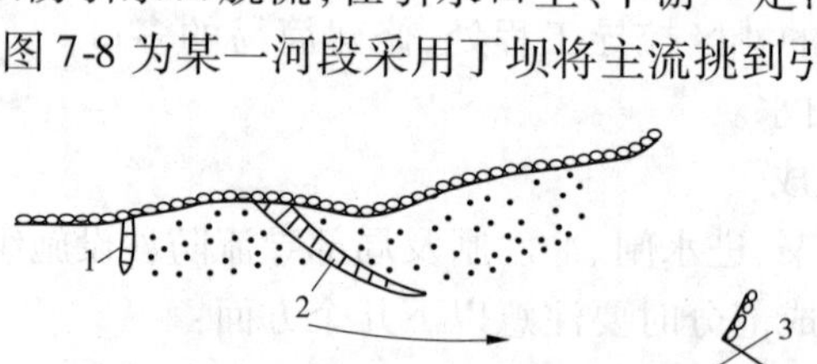

1—上挑丁坝；2—下挑丁坝；3—引水口

图 7-8　某河段引水口整治工程

(四)无坝引水口防沙措施

在无坝引水口渠首位置规划时，尽管考虑了泥沙问题，但难免引水的同时引沙，所以在无坝引水口管理运用中，渠首要采取有效的防沙措施，减少泥沙进入引水渠道，减少引水渠道淤积。

1. 利用弯道环流防沙

设在河流弯道凹岸的引水口就是利用弯道上的天然环流防沙入渠的。图 7-9 所示为 2 000 多年前建在四川岷江上的都江堰无闸取水工程。渠道进水口位于河流弯道凹岸的宝瓶口;金刚堤将岷江分为内江和外江,其上游端部称鱼嘴;保持进水口前需要的水位以控制宝瓶口的进流量。在弯道环流、离堆引起的反向底流作用下,可防止推移质泥沙进入取水口。由于工程布置合理,建筑物能配合作用,几千年来一直运用良好。为了提高效益,近年来已在外江入口处增建闸门,以控制进入外江的流量。

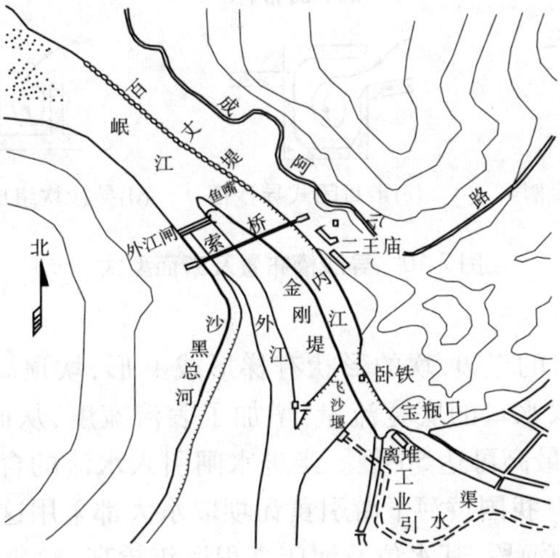

图 7-9　都江堰渠首工程平面布置示意图

2. 表层导流装置

当引水口位置比较固定时,可在引水口前河道上游水流表层设置导流装置,利用人工方法激起环流,抬高引水口前水位,使含沙量小的表层水流向引水渠,含沙量大的底层水流向对岸,减少粗沙入渠。导流装置可以是板式,也可以是浮箱式。导流装置斜置在取水口的上游,由一系列与水流方向成 18° ~25°角的导流墩组成,导流墩浸没水中的深度为水深的 0. 25 ~0. 35 倍。根据内蒙古河套地区的使用经验,可减少入渠泥沙 12% ~13%。

3. 导沙槽

导沙槽是一种槽式截沙、排沙设施,又称涡管或涡流管。导沙槽可布置在进水闸前后的渠底上,用以拦截渠道底沙,并利用槽内螺旋流增大其输沙能力,将底沙排出渠外。导沙槽可为开敞式或带有顶板、上游留有进口的半封闭式,断面形状多为矩形或圆形,常与水流成 30° ~60°夹角布置(见图 7-10)。开敞式导沙槽一般建在渠底以下,其顶部与渠底齐平(见图 7-10(b));为了施工方便,也可以在渠底修建两道距离较近的导沙坎,形成矩形导沙槽(见图 7-10(d))。渠中水流沿切向进入涡管产生旋转运动,并与管内纵向流速合成涡管内的螺旋流。底沙随水流进入槽内,受螺旋流的卷扬作用,顺槽排出,导沙槽岸边出水口设闸阀控制。导沙槽截取的水量一般为渠道流量的 5% ~15%。在此流量范围内,可排出 70% ~90% 粒径大于 0. 5 mm 的渠道泥沙。泥沙粒径越大,导沙槽的截沙率越高。

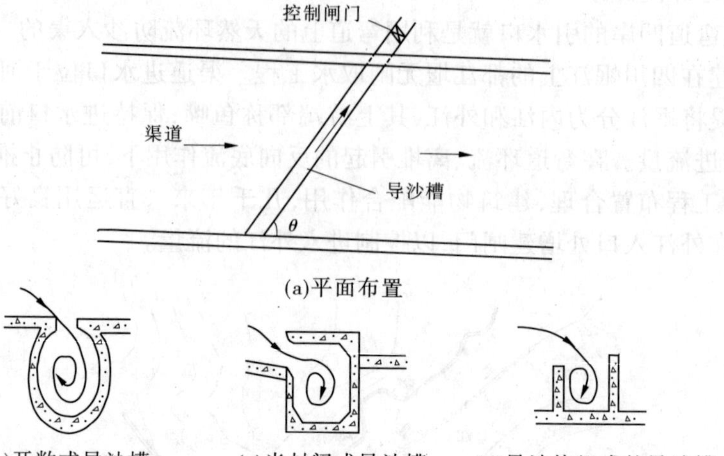

(a)平面布置

(b)开敞式导沙槽　(c)半封闭式导沙槽　(d)导沙坎组成的导沙槽

图 7-10　导沙槽布置及断面型式

4. 拦沙坎及沉沙池

拦沙坎布置在取水口的岸边,坎的形状有梯形或Γ形,坎顶高出引水渠底 0.5 ~1.0 m 。拦沙坎减少了进入取水口的底宽流量,增加了表流宽度,从而减少入渠沙量及减小入渠泥沙粒径,拦沙效果最高可达50% 。当进水闸引入水流的含沙量仍较高时,可在闸后设沉沙池(见图 7-11)。我国黄河下游引黄无坝取水大都采用这种布置型式。

但在多沙河流的淤积河段,其水位及河床高程逐年抬高,拦沙坎的实际高度将不断减小,直至失去拦沙作用。为解决这一问题,可在渠首前增建橡胶坝作为拦沙导沙设施。橡胶坝的挡水高度可连续变化,操作方便、灵活。当水位较低、河水含沙量小时,可将坝顶降落到与进水闸底板齐平,不影响引水流量;当水位升高、河水含沙量大时,可将坝逐渐升高以提高防沙能力。黄河下游引黄灌区增设橡胶坝高一般为 2 m,其拦沙效果一般为 20% ~25% 。设橡胶坝拦沙工程布置见图 7-12。

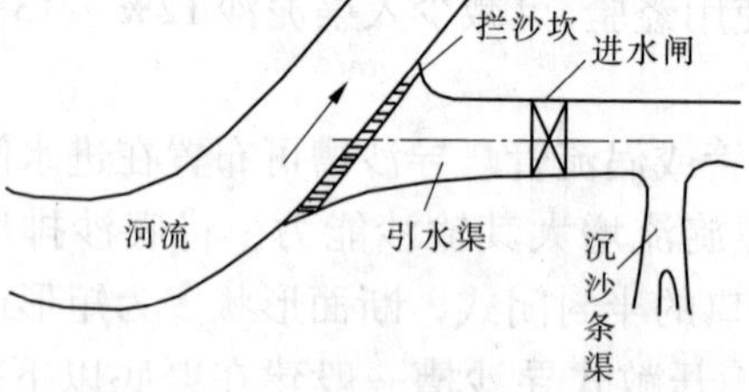

图 7-11　设拦沙坎及沉沙池的无坝取水

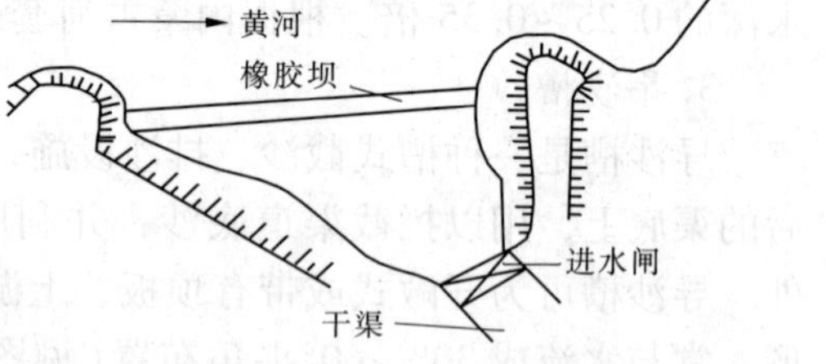

图 7-12　设橡胶坝拦沙的无坝取水示意图

5. 防沙网帘

黄河下游河南境内的多数灌区,其渠首进水闸与河岸取水口间存在着数百米到数千米的滩区,必须设引水渠取水。对取水口前沿不固定、无法设置固定拦沙设施的情况,可采用网帘防淤的措施。利用水流多沙、淤积迅速的特点,停水时在口门设置柔性网帘缓流促淤,使泥沙在网前迅速落淤。用水时,打开网帘,清除拦门沙坝,即可引水。防沙网帘解决了进水闸关闭后引水渠的淤积问题。网帘是用塑料绳或尼龙绳编织成的柔性织物,可用固定桩架或浮筒支撑,利用加重维持其稳定。防沙网帘的布置及构造见图 7-13。

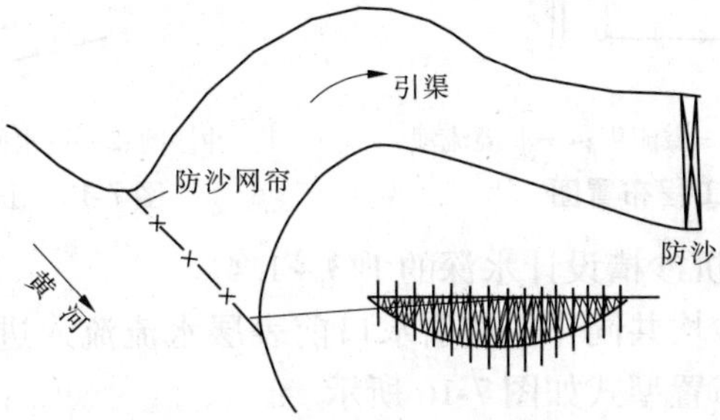

图 7-13　防沙网帘的布置及构造

二、低坝引水口取水防沙

(一)低坝引水口组成和布置型式

低坝引水工程由溢流坝、沉沙区、冲沙闸、进水闸及导流防沙建筑物组成。当引水口前河道过宽时,为束窄河床,抬高水位,除用溢流坝拦截水流,还布设非溢流坝。冲沙闸用以沉沙,并起控制主槽和宣泄部分流量的作用。进水闸用以取水灌溉。为保证引水口正常工作,在引水口附近修建有导流、防沙建筑物。

低坝引水工程常见布置型式有以下两种。

1. 侧面引水

这种布置型式最早建于印度,又叫印度式引水口。它的布置型式是:非溢流坝、溢流坝、冲沙闸等建筑物与河道主流正交,进水闸位于河岸一侧,其纵轴线与水流正交或斜交,如图 7-14 所示。此布置型式,侧向引水正面排沙,入渠分沙比大于分流比,又因进水闸与冲沙闸布置有一交角,引水冲沙不能同时进行,否则闸前水流紊乱,入渠分沙比增加。

2. 正面引水

这种布置型式最早建于苏联的费尔干河谷,又叫费尔干式引水口。它是借助天然河湾或修建人工河湾增强环流作用,采用正面引水、侧面排沙的原理,减少入渠泥沙。其布置型式是:在河湾处迎流设引水口,交角布置导流堤和冲沙闸,如图 7-15 所示。

(二)低坝引水口防沙措施

1. 沉沙槽、分水墙与导沙坎

沉沙槽用于侧面引水型式,它由溢流坝与冲沙闸之间的导水墙、进水闸及进水闸上游翼墙组成。进水闸底坎高于沉沙槽底板 1.2 ~ 1.5 m,以防底沙入渠,沉沙槽长度比进水闸宽度长 5 ~ 10 m,沉沙槽比降大于或等于引水口前河床比降,加速河槽内泥沙冲刷。

为进一步防止底沙进入引水渠,常在沉沙槽内布设淹没的分水墙、导沙坎。分水墙长度与导水墙长度相等,间距与冲沙闸孔宽度相等,高程与进水闸底坎高程相同。导沙坎设在进水闸一侧沉沙槽的入口处,一般设有 1 ~ 2 道,其轴线与水流方向成 30° ~ 40° 夹角,

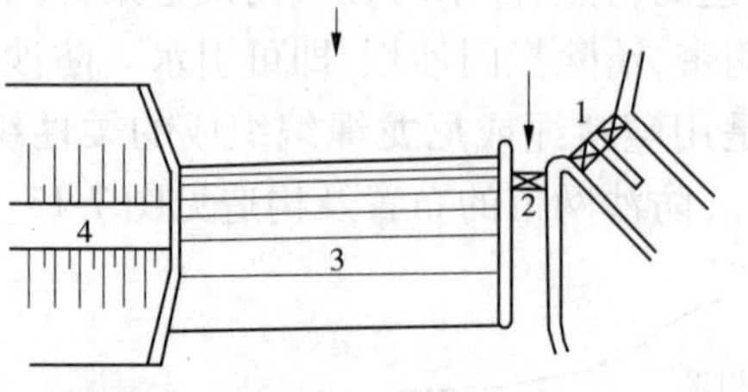

1—进水闸;2—冲沙闸;3—溢流坝;4—非溢流坝

图7-14 侧面引水工程布置图

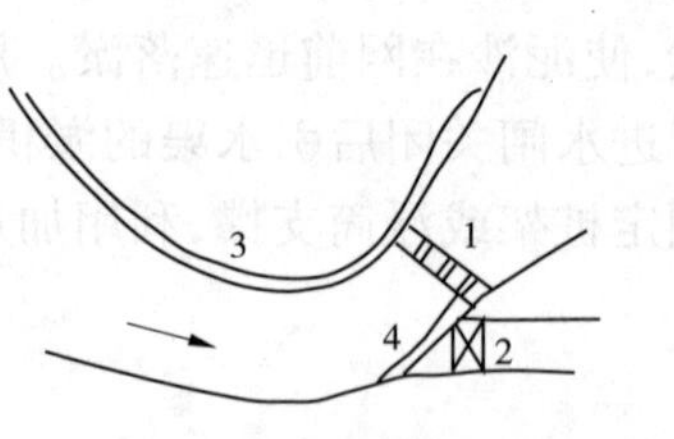

1—冲沙闸;2—进水闸;3—导流堤;4—拦沙坎

图7-15 正面引水工程布置图

断面为梯形,高度一般为沉沙槽设计水深的1/3~1/4。

沉沙槽、分水墙、导沙坎共同作用使引水口前表层水流流入进水闸,底层水流远离进水闸,并由冲沙闸排走,布置型式如图7-16所示。

2. 冲沙廊道

冲沙廊道适用于坎上、下游水位差大于2.5 m,输沙主要是砂砾石,进水闸要求连续引水,排沙量较小的情况。冲沙廊道进水口布置在进水闸底板下或上游侧,断面为矩形,廊道内流速不小于4 m/s,廊道出口为淹没出流时应在出水口设置闸门,以防廊道停水时泥沙倒灌。整个冲沙廊道要求进水方向平顺,弯曲半径较大,以免廊道内形成回流区。廊道内用抗冲耐磨材料镶护。廊道进口上游设有导流墩,提高廊道进口的绕流导沙作用。布置型式如图7-17所示。

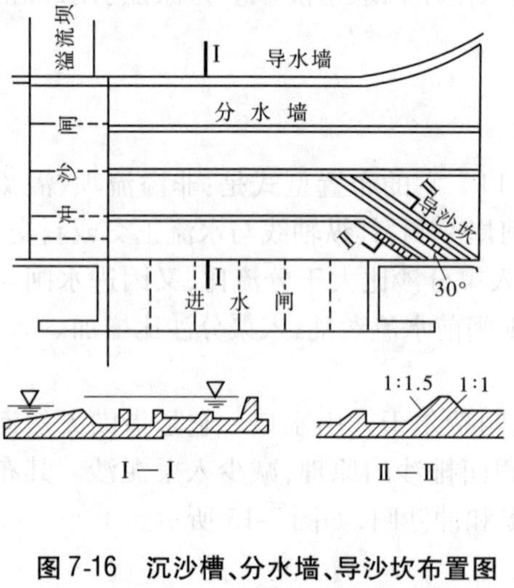

图7-16 沉沙槽、分水墙、导沙坎布置图

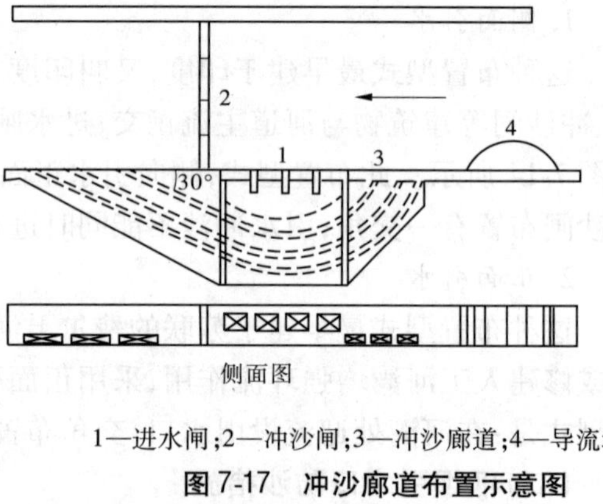

1—进水闸;2—冲沙闸;3—冲沙廊道;4—导流墩

图7-17 冲沙廊道布置示意图

3. 利用栏栅防沙

在取水口设置水平或倾斜的栏栅,可防止粒径大于栅隙的那部分泥沙进入渠道。山区河流坡陡流急,水流中常挟带大量卵石、砾石和粗沙,为防止泥沙入渠常采用底栏栅式取水枢纽。其主要建筑物为高度很小的底栏栅坝,一般垂直水流方向布置,坝体内设取水廊道,廊道顶部设金属栏栅。当水流通过坝顶时,部分或全部水流经栏栅间隙进入廊道,然后流向岸边的明渠、隧洞等输水建筑物。图7-18为不设冲沙闸的底栏栅取水枢纽。当河流含沙量大时,可在枢纽中增设泄流冲沙闸及导流堤。

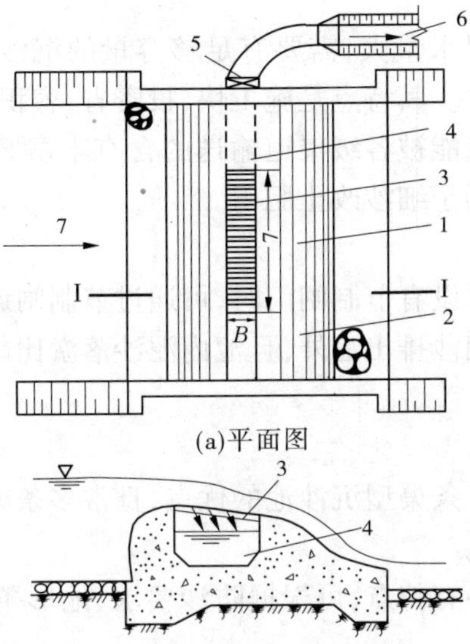

1—底栏栅坝;2—溢流坝;3—金属栏栅;
4—取水廊道;5—进水闸;6—渠道;7—河流

图 7-18　不设冲沙闸的底栏栅取水枢纽

第三节　渠系泥沙控制

取水工程的渠首虽然采取了各种防沙排沙措施,但还有一些泥沙进入引水渠道,使通过进水闸进入渠道的水流含沙量比较大。因此,必须在渠道中采取有效措施,保持渠道为不冲不淤的稳定状态。渠系泥沙控制措施主要有:①沉沙池。在进水闸后渠道附近适当地点修建沉沙池,集中处理、利用大部分淤沙。②设计稳定渠道。通过合理设计渠道横断面型式、尺寸、渠道纵比降等,提高渠道挟沙能力和抗冲能力,把入渠细沙顺利输送到田间,维持渠首稳定。③渠首防淤清淤。在紧接引水渠后,设置沉沙槽、侧面排沙道,及时排走刚进入引水渠的泥沙。本节主要介绍前两种渠系泥沙控制措施。

一、沉沙池的规划设计

为了处理入渠悬移质泥沙,可选择距渠首不太远的低洼地区开辟沉沙池。水流进入沉沙池后流速很小,挟沙能力很低,因而大部分粗沙淤在沉沙池中。

(一)沉沙池的型式

沉沙池一般有湖泊型、条渠型、梭形条渠型等几种型式,如图 7-19 所示。

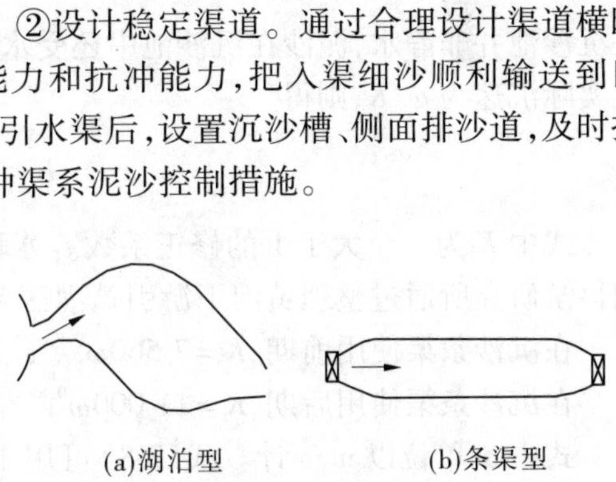

图 7-19　沉沙池型式

1. 湖泊型沉沙池

湖泊型沉沙池多用在引水量大，需要有足够容量的沉沙场所，这些场所多是荒滩洼地，形状不规则，可蓄水沉沙。其特点是施工快，投资省，容积大，易于沉沙，但淤积分布不均匀，呈扇形发展，且把大量能被各级渠道输送的含有丰富肥料的细沙也沉在池内，缩短了沉沙池的使用年限和不利于细沙改土肥田。

2. 条渠型沉沙池

这种型式沉沙池在出口设有节制闸门时，可通过节制闸调节、控制出口的含沙量及泥沙级配，使粗沙淤在池内，细沙排出池外，且池内泥沙落淤比较均匀，从而延长沉沙池的使用年限。

3. 梭形条渠型沉沙池

这种型式的沉沙池具有条渠型沉沙池的优点，且常多条渠布置，各条渠可分期轮换使用，充分发挥沉沙池的容积。

以上三种型式沉沙池各有特点，可根据防沙要求、地形条件，因地制宜地选择沉沙池型式。

（二）沉沙池设计

沉沙池规划设计必须按照不同要求选用不同类型的沉沙池，并应满足沉沙效率高、落淤均匀、土地淤积平整、细沙排出池外、使用时间长、投资省等要求。为合理确定沉沙池长度，需进行沉沙池的泥沙沉降计算。下面介绍常用的准静水沉降法确定沉沙池长度及分析研究沉沙池内含沙量沿程变化规律。

1. 准静水沉降法

如图7-20所示，设沉沙池的平均水深为H，水流平均流速为U，泥沙沉降速度为ω。假定泥沙在沉沙池中按静水中匀速下沉，则由水面降至河底的历时H/ω，与此同时，泥沙还沿水流方向前进一段距离L，这个L即为泥沙沉到底处至起始断面的距离，$L=\frac{HU}{\omega}$。但是沉沙池并非静水，泥沙在沉沙池中还受水流紊动作用，使其实际沉速小于静水沉速，假定实际沉速为ω/K，则得

$$L = K\frac{HU}{\omega} \tag{7-8}$$

式中K为一个大于1的修正系数。苏联水工设计手册建议K取1.2～1.5，山东省水利科学研究所通过整理黄河下游引黄灌区条渠型沉沙池的试验资料，提出：

在沉沙条渠使用前期，$K=7\ 500\omega^{0.85}$；

在沉沙条渠使用后期，$K=11\ 000\omega^{0.85}$。

式中ω单位以m/s计。式(7-8)可用于计算沉沙池的长度，在计算时只须将沉沙池内必须沉降的最小泥沙粒径d_{min}所对应的沉速ω_{min}及设计的H、U值代入即可。

要进一步研究沉沙池内含沙量沿程变化规律，推求沉沙池内任一断面平均含沙量，则须做进一步概化处理，并导出相应的计算公式。

在图7-20中，设在沉沙池进口水面处一颗泥沙的静水沉速为ω_i，考虑水流紊动作用影响，其有效沉速假定为ω_i/K，当这颗泥沙行至断面2—2时，设其沉降深度为h，前进水

平距离为 l,则

$$h = \frac{l\omega_i}{UK} \tag{7-9}$$

设在这颗泥沙进口断面含沙量为 S_{0i},并假定含沙量沿垂线分布。由图 7-20 可知,进口断面 A 点以下的具有这种沉速的泥沙在 2—2 断面以前均沉到床面,只有 A 点以上的泥沙才会被挟带超越 2—2 断面。该断面含沙量 S_i 可按下式计算

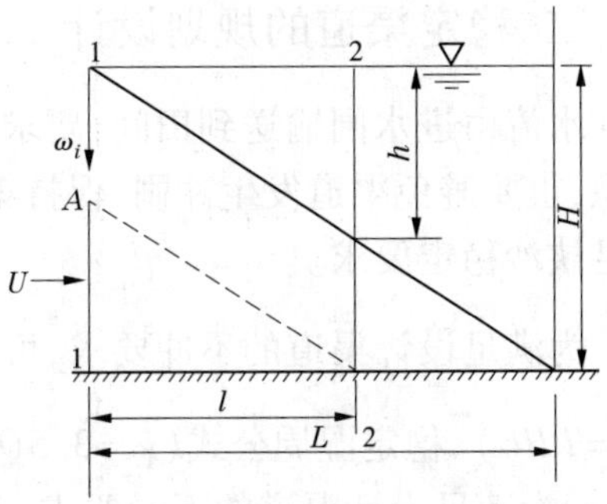

图 7-20　准静水沉降模式

$$S_i = \frac{S_{0i}(H-h)}{H} = S_{0i}(1-\frac{h}{H}) = S_{0i}(1-\frac{\omega_i l}{KUH}) \tag{7-10}$$

对于非均匀沙,上式表征分组含沙量的沿程变化。式中 ω_i 应取分组泥沙下限粒径对应的沉速,将分组含沙量累加起来,即得全沙含沙量沿程变化公式

$$S = \sum_{i=1}^{n} S_i = \sum_{i=1}^{n} S_{0i}(1-\frac{\omega_i l}{KUH}) \tag{7-11}$$

2. 一维非饱和输沙法

对沉沙池内含沙量沿程变化规律研究,除用上面准静水沉降法,还可用一维非饱和输沙法。这种方法认为进入沉沙池的挟沙水流处于超饱和状态,含沙量沿程呈指数规律衰减。把沉沙池水流近似看做一元流,含沙量沿程变化的微分方程式为

$$\frac{dS}{dx} = -\frac{\alpha\omega}{q}(S-S_*) \tag{7-12}$$

当水流为均匀流,且沉沙池内流速很小,水流挟沙力忽略不计时,上式可解为

$$S = S_0 e^{-\alpha\frac{\omega x}{q}} \tag{7-13}$$

式中　S_0——进口含沙量;

ω——泥沙沉速;

α——恢复饱和系数,可用 0.25;

q——沉沙池单宽流量。

由于沉沙池内水流中泥沙为非均匀沙,计算时需将泥沙分组进行计算,则

$$S = \sum_{i=1}^{n} S_i = \sum_{i=1}^{n} S_{0i} e^{-\alpha\frac{\omega_i x}{q}} \tag{7-14}$$

式中　S_{0i}——进口第 i 组粒径泥沙含沙量;

ω_i——第 i 组粒径泥沙沉速;

其余符号含义同前。

沉沙池出口排沙量 W_S 可写成

$$W_S = \sum_{i=1}^{n} W_{S_{0i}} e^{(-\frac{\alpha\omega l}{q})} \tag{7-15}$$

式中　$W_{S_{0i}}$——进入沉沙池第 i 组泥沙的沙量;

其余符号含义同前。

二、稳定渠道的规划设计

水流由进水闸输送到田间,要求挟沙水流能顺利通过一段较长的输水渠道而不产生淤积,也要避免渠道发生冲刷,保持渠道的不冲不淤稳定。这就要求输水渠道设计合理,满足挟沙稳定要求。

为满足设计渠道的不冲要求,可以采用水流阻力公式($U=\frac{1}{n}R^{2/3}J^{1/2}$)、水流连续公式($Q=BHU$)、稳定湿周公式($\chi=3.5Q^{4/9}$)和不冲流速公式($U_c=0.96R^{0.4}$)联立求解 B、H、U、J。为满足设计渠道的不淤要求,只需将上述四个方程中的不冲流速公式换用不淤流速公式($U=2.72(S_*\omega)^{1/4}R^{3/8}$)联解,综合考虑不冲不淤要求,设计渠道尺寸。

工程实践中设计渠道纵横断面时,可用试算法。即首先按输水要求,结合地理条件及实践经验,初步选定渠道比降 J、横断面形式及有关尺寸,然后对所得流速加以检验。若所得流速大于不淤流速小于不冲流速,则初定尺寸满足要求;若所得流速不满足渠道不冲不淤的要求,则更改初选数据再试算,直到满足要求。为了提高水流挟沙能力,渠道最好进行衬砌,这样在设计时便可不考虑冲刷对河相关系的影响,同时又防止渗漏,降低糙率,增大流速。

第四节　河流泥沙利用

在河道中泥沙的淤积与冲刷,对防洪、航运、灌溉等方面带来很多严重的问题。但是适宜级配的泥沙又是一种较好的建筑材料,可用来筑堤(坝)、烧砖或做混凝土砂浆;从地面汇流来的细沙颗粒中含有大量有机肥,进入田间既可以改良土壤结构,还能提高土壤肥力。因此,河流泥沙如能加以合理利用便是一种对资源的开发利用。目前,河流泥沙利用主要表现在以下几个方面:

(1)沟道防洪淤沙。在一些经常出现高含沙洪水的支流沟道上,修筑多级淤地坝。这些淤地坝汛期可以防洪拦泥造地,既防止水土流失,又可以治理沟道,增加农田。

(2)河道挖淘底沙。在我国一些平原河流上,常采用各种机具挖淘较粗的河床底沙。这种底沙级配均匀,粗细适中,是一种很好的建筑材料。不过,这种挖沙应该有组织、有规划地进行,使其与浅滩疏浚、挖槽结合起来,以利于航运与防洪。

(3)沉沙淤地改土。将浑水中的泥沙淤沉在低洼盐碱地、荒滩、涝田内,并使表层淤沉泥沙级配符合农作物生长要求,以此压碱改土,淤造良田,这类工程又统称为放淤工程。

(4)引沙淤筑堤、滩。将河道、河滩里的泥沙输运在堤防的临、背河两侧,加高加固堤防;或将泥沙输运到低洼荒滩,使之淤筑到一定高度,然后再淤地改土,把原低洼荒滩区改建为能满足一定防洪要求的可耕田,这类工程称为淤筑工程。

这里仅对放淤工程、淤筑工程予以简单介绍。

一、放淤工程

放淤工程可分为以下两类:

(1)放淤灌溉。这是将含沙量较高的浑水引进沉沙池,待泥沙沉淀之后将清水或仅含极细泥沙的较小含沙量浑水用于灌溉或城镇供水,简称淤灌。

(2)放淤改土。将汛期含沙量较高的浑水直接送入低洼盐碱地灌溉,淤高洼地,压碱改造良田。

二、淤筑工程

淤筑工程根据工程目的不同分成两大类:一类是旨在改善河道行洪条件、巩固河道堤防的淤筑堤防工程,在黄河下游多称"淤临、淤背"工程;另一类是旨在开发改造低滩、筑高洼地的淤筑高地工程。

(一)淤筑堤防工程

一些冲积河流堤防临河、背河处分布着一些坑塘、洼地、串沟,汛期洪水一旦漫滩就容易引起串沟夺流,大水偎堤,临堤行洪。按引水方式不同有自流引水淤筑堤防工程和扬水淤筑堤防工程。自流引水淤筑堤防工程的特点是自流引水、自流沉沙。扬水淤筑堤防工程的特点是由动力机泵抬高水头,通过管、渠输送至淤筑区,沉沙淤筑堤防。

(二)淤筑高地工程

淤筑高地工程的特点是:不是以巩固堤防为目的,而是利用河流泥沙将一部分地面淤到一定高度以满足特定的用途。

(1)自流引水沉沙,挖淤筑高地面工程。这类工程是利用挖泥船,通过挖淤、搅拌,将已淤平沉沙池的泥沙以高浓度泥浆形式输送到沉沙池附近淤筑区,将该处地面淤高。

(2)提水淤滩筑高工程。一些河流有广阔河漫滩,当洪水不上滩时,就可以在不影响河道行洪的前提下,利用河边嫩滩或河槽中的泥沙将部分低滩区和高滩区淤筑成满足一定防洪标准的高地,将其开辟为可耕田以供移民使用。

参考文献

[1] 水利部山西水利水电勘测设计研究院．SL 269—2001 水利水电工程沉沙池设计规范[S]．北京：中国水利水电出版社，2001．

[2] 姚乐人．江河防洪工程[M]．武汉：武汉水利水电大学出版社，1999．

[3] 王运辉．防汛抢险技术[M]．武汉：武汉水利水电大学出版社，1999．

[4] 陈惠源．江河防洪调度与决策[M]．武汉：武汉水利水电大学出版社，1999．

[5] 国家电力公司水利水电规划设计总院．DL/T 5089—1999 水利水电工程泥沙设计规范[S]．北京：中国电力出版社，1999．

[6] 水利部国际合作与科技司．堤防工程技术标准汇编[G]．北京：中国水利水电出版社，1999．

[7] 孙东坡，李国庆，朱太顺，等．治河及泥沙工程[M]．郑州：黄河水利出版社，1999．

[8] 董哲仁．堤防除险加固实用技术[M]．北京：中国水利水电出版社，1998．

[9] 赵业安．黄河下游河道演变基本规律[M]．郑州：黄河水利出版社，1998．

[10] 中国水利学会泥沙专业委员会．泥沙手册[M]．北京：中国环境科学出版社，1992．

[11] 国家防汛总指挥部办公室．防汛手册[M]．北京：中国科学技术出版社，1992．

[12] 柳学振．治河防洪[M]．北京：水利电力出版社，1990．

[13] 谢鉴衡，丁君松，王运辉．河床演变及整治[M]．北京：水利电力出版社，1990．

[14] 张瑞瑾，谢鉴衡，王明甫，等．河流泥沙动力学[M]．北京：水利电力出版社，1989．

[15] 钱宁，张仁，周志德．河床演变学[M]．北京：科学出版社，1987．

[16] 钱宁，万兆惠．泥沙运动力学[M]．北京：科学出版社，1983．

[17] 武汉水利电力学院河流泥沙工程教研室．河流泥沙工程学[M]．北京：水利电力出版社，1983．

[18] 水利部黄河水利委员会．黄河河防词典[M]．郑州：黄河水利出版社，1994．

[19] 胡一三，刘贵芝，李勇，等．黄河高村至陶城铺河段河道整治[M]．郑州：黄河水利出版社，2006．

普通高等教育“十一五”国家级规划教材
全国水利水电高职教研会推荐教材

ZHIHE FANGHONG

责任编辑 王路平
陈彦霞
封面设计 谢 萍
责任校对 刘红梅
责任监制 常红昕

ISBN 978-7-80734-512-1

定 价：18.00元